KB263291

기획 및 개발

EBS 교재 개발팀

본 교재의 강의는 TV와 모바일 APP, EBS*i* 사이트(www.ebsi.co.kr)에서 무료로 제공됩니다.

발행일 2024. 10. 1. **1쇄 인쇄일** 2024. 9. 24. **신고번호** 제2017-000193호 **펴낸곳** 한국교육방송공사 경기도 고양시 일산동구 한류월드로 281
표지디자인 디자인싹 **편집** 글사랑 **인쇄** 팩컴코리아㈜
인쇄 과정 중 잘못된 교재는 구입하신 곳에서 교환하여 드립니다. 신규 사업 및 교재 광고 문의 pub@ebs.co.kr

정답과 풀이는 EBS*i* 사이트(www.ebsi.co.kr)에서 내려받으실 수 있습니다.

교재 내용 문의 교재 및 강의 내용 문의는 EBS*i* 사이트 (www.ebsi.co.kr)의 학습 Q&A 서비스를 활용하시기 바랍니다.

교재 정오표 공지 발행 이후 발견된 정오 사항을 EBS*i* 사이트 정오표 코너에서 알려 드립니다. 교재 ▶ 교재 자료실 ▶ 교재 정오표

교재 정정 신청 공지된 정오 내용 외에 발견된 정오 사항이 있다면 EBS*i* 사이트를 통해 알려 주세요. 교재 ▶ 교재 정정 신청

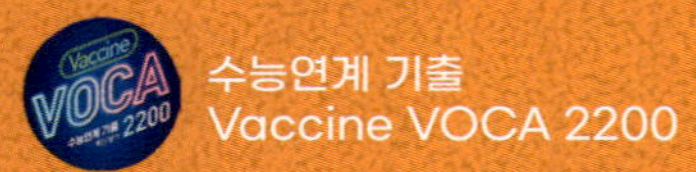

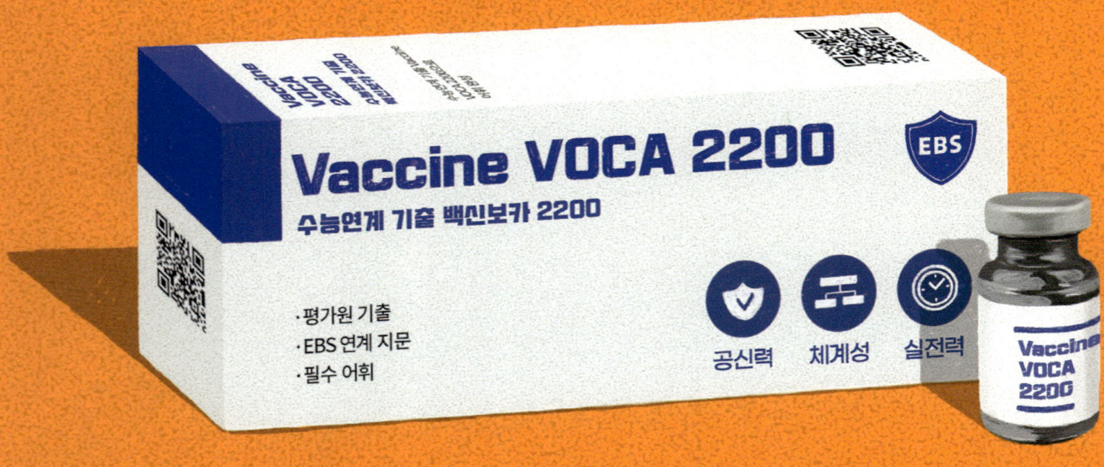

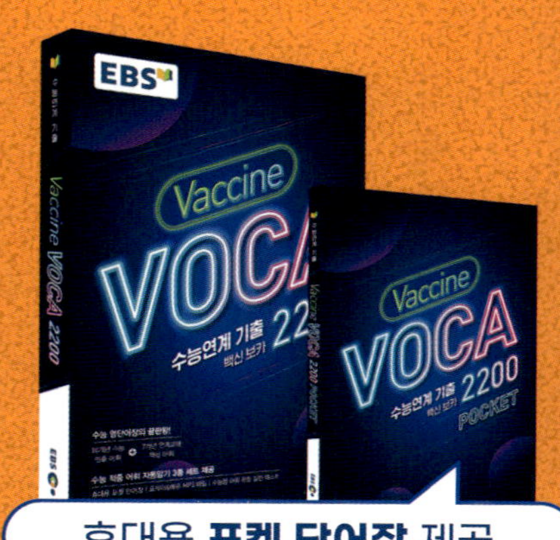

○ 수능 영단어장의 끝판왕!
10개년 수능 빈출 어휘 + 7개년 연계교재 핵심 어휘

○ 수능 적중 어휘 자동암기 3종 세트 제공
휴대용 포켓 단어장 / 표제어 & 예문 MP3 파일 / 수능형 어휘 문항 실전 테스트

수능특강 Q

미니모의고사

14회분 수록

수학영역
확률과 통계

1 흔들리지 않는 수능 실전력 완성

2 역대 수능 연계교재 고퀄리티 문항 수록

이 책의 **구성과 특징**

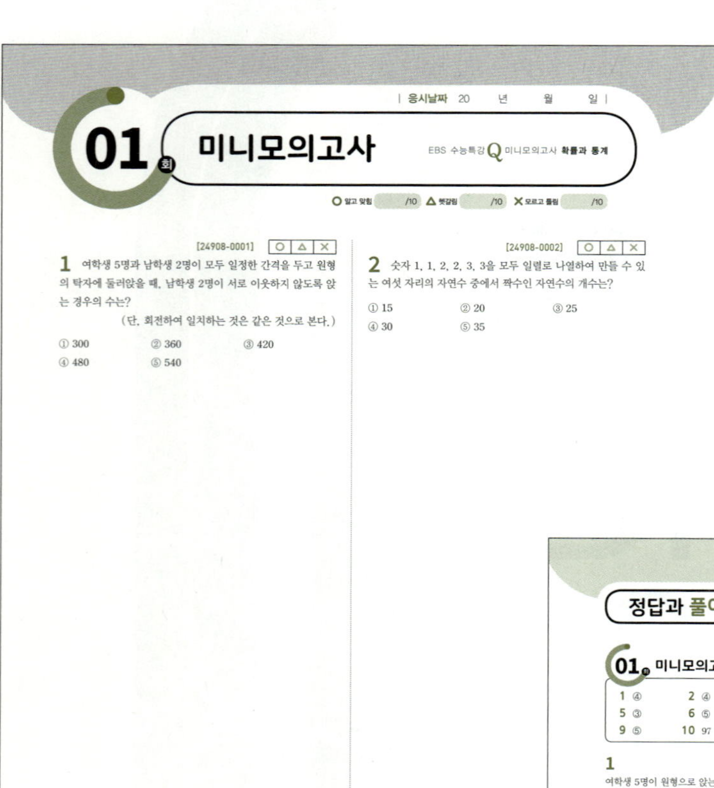

- 한국교육과정평가원이 감수한 과년도 EBS 수능 연계교재의 우수 문항을 선제하여 미니모의고사 형태로 구성하였습니다.

- 목표 시간 내에 문제를 푸는 연습을 통해 실전에 대비할 수 있습니다.

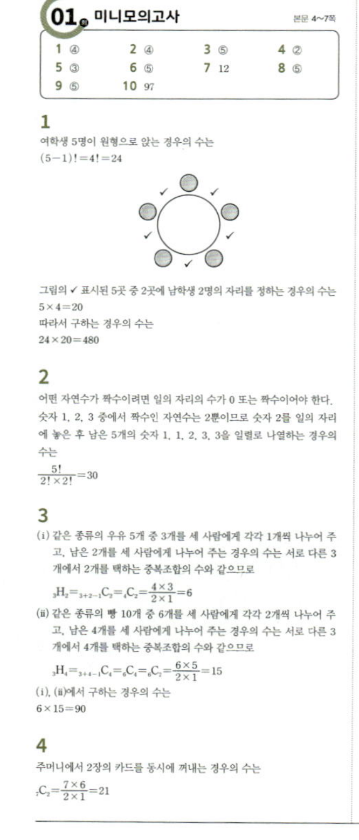

학습자 스스로 문제의 핵심을 파악할 수 있도록 명확한 풀이를 제공합니다. 잘 풀리지 않는 문제는 풀이를 통해 확실히 이해할 수 있습니다.

이 책의 **차례**

※ 미니모의고사 학습 계획을 세우고 매일 실천해 보세요!
※ 풀이 시간과 틀린 문항을 정리해 복습에 활용하세요!

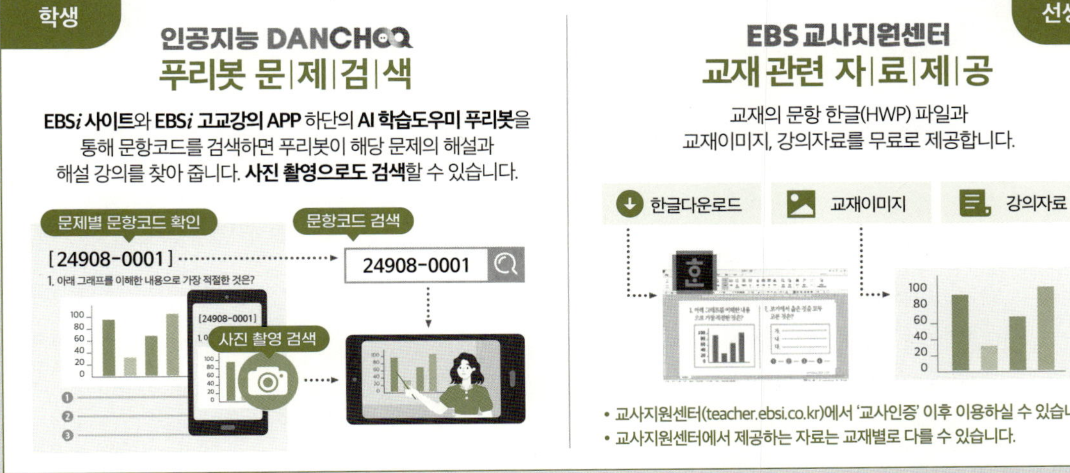

01회 미니모의고사

EBS 수능특강 Q 미니모의고사 **확률과 통계**

O 알고 맞힘 /10   **△** 헷갈림 /10   **X** 모르고 틀림 /10

[24908-0001] O △ X

1 여학생 5명과 남학생 2명이 모두 일정한 간격을 두고 원형의 탁자에 둘러앉을 때, 남학생 2명이 서로 이웃하지 않도록 앉는 경우의 수는?

(단, 회전하여 일치하는 것은 같은 것으로 본다.)

① 300　　　② 360　　　③ 420

④ 480　　　⑤ 540

[24908-0002] O △ X

2 숫자 1, 1, 2, 2, 3, 3을 모두 일렬로 나열하여 만들 수 있는 여섯 자리의 자연수 중에서 짝수인 자연수의 개수는?

① 15　　　② 20　　　③ 25

④ 30　　　⑤ 35

[24908-0003] ○ △ ✕

3 같은 종류의 우유 5개, 같은 종류의 빵 10개를 세 사람에게 남김없이 나누어 줄 때, 세 사람이 적어도 각각 우유 1개와 빵 2개를 받도록 나누어 주는 경우의 수는?

① 66 ② 72 ③ 78

④ 84 ⑤ 90

[24908-0004] ○ △ ✕

4 숫자 2, 4, 6, 8, 10, 12, 15가 하나씩 적힌 7장의 카드가 들어 있는 주머니가 있다. 이 주머니에서 임의로 2장의 카드를 동시에 꺼낼 때, 꺼낸 카드에 적힌 두 수의 합을 a, 두 수의 곱을 b라 하자. a와 b가 서로소일 확률은?

① $\dfrac{1}{21}$ ② $\dfrac{1}{7}$ ③ $\dfrac{5}{21}$

④ $\dfrac{1}{3}$ ⑤ $\dfrac{3}{7}$

[24908-0005] ○ △ ✕

5 다음 조건을 만족시키는 두 집합 A, B의 모든 순서쌍 $(A,\ B)$ 중에서 임의로 하나를 택할 때, 두 집합 A, B가 서로소일 확률은?

> (가) $A \cup B = \{1,\ 2,\ 3,\ 4\}$
> (나) $n(A) > n(B) \geq 1$

① $\dfrac{1}{15}$ ② $\dfrac{1}{10}$ ③ $\dfrac{2}{15}$

④ $\dfrac{1}{6}$ ⑤ $\dfrac{1}{5}$

[24908-0006] ○ △ ✕

6 여자 3명과 남자 4명이 참가한 어느 노래 경연대회에서 참가한 7명 모두가 한 명씩 임의로 순번을 정하여 경연하려고 할 때, 처음 또는 마지막에 여자 참가자가 경연하게 될 확률은?

① $\dfrac{3}{7}$　　　② $\dfrac{1}{2}$　　　③ $\dfrac{4}{7}$

④ $\dfrac{9}{14}$　　　⑤ $\dfrac{5}{7}$

[24908-0008] ○ △ ✕

8 이산확률변수 X의 확률분포를 표로 나타내면 다음과 같다.

X	1	2	4	8	합계
$\mathrm{P}(X=x)$	$1-a$	a^2	a^3	a^3	1

$\mathrm{V}(X)$의 값은? (단, $a>0$)

① $\dfrac{17}{4}$　　　② $\dfrac{9}{2}$　　　③ $\dfrac{19}{4}$

④ 5　　　⑤ $\dfrac{21}{4}$

고난도　[24908-0007] ○ △ ✕

7 갑은 방정식 $a+b+c=5$와 부등식 $a\le b\le c$를 모두 만족시키는 자연수 a, b, c의 모든 순서쌍 $(a,\ b,\ c)$ 중에서 임의로 한 개를 선택하고, 을은 부등식 $x+y+z\le 7$을 만족시키는 자연수 x, y, z의 모든 순서쌍 $(x,\ y,\ z)$ 중에서 임의로 한 개를 선택한다. 갑이 선택한 순서쌍 $(a,\ b,\ c)$와 을이 선택한 순서쌍 (x,y,z)에 대하여 세 수 $a+x$, $b+y$, $c+z$가 모두 짝수일 때, $x\times y\times z$가 홀수일 확률은 $\dfrac{q}{p}$이다. $p+q$의 값을 구하시오.

(단, p와 q는 서로소인 자연수이다.)

고난도 [24908-0009] ○ △ ✕

9 연속확률변수 X가 갖는 값의 범위는 $0 \le X \le 4$이고 확률변수 X의 확률밀도함수 $f(x)$가 다음 조건을 만족시킬 때, $\mathrm{P}\left(\dfrac{3}{2} \le X \le \dfrac{5}{2}\right)$의 값은?

(가) 0이 아닌 상수 a에 대하여 $0 \le x \le 2$일 때, $f(x) = a|x-1| - a$이다.

(나) $2 \le x \le 4$인 모든 실수 x에 대하여 $f(x) = \dfrac{1}{2} f(4-x)$이다.

① $\dfrac{1}{4}$ ② $\dfrac{1}{5}$ ③ $\dfrac{1}{6}$

④ $\dfrac{1}{7}$ ⑤ $\dfrac{1}{8}$

[24908-0010] ○ △ ✕

10 모평균이 m, 모표준편차가 σ인 정규분포를 따르는 모집단에서 크기가 9인 표본을 임의추출하여 구한 모평균 m에 대한 신뢰도 99 %의 신뢰구간이 $a \le m \le b$이다. 또 이 모집단에서 크기가 n인 표본을 임의추출하여 구한 모평균 m에 대한 신뢰도 95 %의 신뢰구간이 $c \le m \le d$이다. $b-a \ge 4.3(d-c)$를 만족시키는 자연수 n의 최솟값을 구하시오.

(단, Z가 표준정규분포를 따르는 확률변수일 때, $\mathrm{P}(|Z| \le 1.96) = 0.95$, $\mathrm{P}(|Z| \le 2.58) = 0.99$로 계산한다.)

02 회 미니모의고사

EBS 수능특강 Q 미니모의고사 **확률과 통계**

○ 알고 맞힘 　　/10　　△ 헷갈림　　/10　　✗ 모르고 틀림　　/10

[24908-0011]　　○ △ ✗

1 숫자 1, 2, 3, 4 중에서 중복을 허락하여 5개를 택해 일렬로 나열하여 만든 다섯 자리의 자연수 중에서 각 자리의 숫자 중 2가 두 번 나오는 짝수의 개수는?

① 54　　　　　② 81　　　　　③ 108

④ 135　　　　⑤ 162

고난도　　[24908-0012]　　○ △ ✗

2 숫자 1, 2, 3, 4, 5 중에서 중복을 허락하여 6개를 택해 일렬로 나열하여 여섯 자리의 자연수를 만들고, 나열된 6개의 수를 모두 곱한 값을 N이라 하자. 다음 조건을 만족시키는 여섯 자리의 자연수의 개수는?

> N은 24의 배수이고 16의 배수가 아니다.

① 2110　　　　② 2220　　　　③ 2330

④ 2440　　　　⑤ 2550

[24908-0013] ○ △ ✕

3 서로 다른 네 개의 상자 A, B, C, D에 다음 조건을 만족시키도록 같은 종류의 구슬 10개를 남김없이 나누어 넣는 경우의 수는?

> (가) A 상자에는 홀수 개의 구슬을 넣는다.
> (나) B와 C 상자에는 각각 적어도 1개의 구슬을 넣는다.

① 68 ② 70 ③ 72
④ 74 ⑤ 76

[24908-0014] ○ △ ✕

4 주머니 A에는 숫자 1, 2, 3, 4가 하나씩 적혀 있는 4개의 공이 들어 있고, 주머니 B에는 숫자 1, 3, 5가 하나씩 적혀 있는 3개의 공이 들어 있다. 두 주머니 A, B에서 각각 임의로 공을 두 개씩 동시에 꺼낼 때, 주머니 A에서 꺼낸 두 개의 공에 적힌 수의 합과 주머니 B에서 꺼낸 두 개의 공에 적힌 수의 곱이 같을 확률은?

① $\dfrac{1}{2}$ ② $\dfrac{1}{3}$ ③ $\dfrac{1}{4}$
④ $\dfrac{1}{5}$ ⑤ $\dfrac{1}{6}$

[24908-0015] ○ △ ✕

5 문자 C, A, R, R, O, T가 하나씩 적혀 있는 6장의 카드를 모두 임의로 일렬로 나열할 때, 같은 문자가 적혀 있는 카드가 서로 이웃하지 않게 나열될 확률은?

C A R R O T

① $\dfrac{1}{2}$ ② $\dfrac{7}{12}$ ③ $\dfrac{2}{3}$
④ $\dfrac{3}{4}$ ⑤ $\dfrac{5}{6}$

6 [24908-0016] ○ △ ✕

한 개의 주사위를 한 번 던질 때, 4 이하의 눈이 나오는 사건을 A, 6 이하의 자연수 n에 대하여 n의 배수의 눈이 나오는 사건을 B라 하자. 두 사건 A, B가 다음 조건을 만족시키도록 하는 모든 n의 값의 합을 구하시오.

(가) $\mathrm{P}(A \cup B) = \dfrac{5}{6}$

(나) 두 사건 A와 B는 서로 종속이다.

7 [24908-0017] ○ △ ✕

흰 공 3개, 검은 공 5개가 들어 있는 주머니에서 임의로 6개의 공을 동시에 꺼낼 때, 꺼낸 공 중 흰 공의 개수를 확률변수 X라 하자. $\mathrm{P}(X \le 2) - \mathrm{P}(X \ge 2)$의 값은?

① $-\dfrac{1}{4}$
② $-\dfrac{1}{8}$
③ 0

④ $\dfrac{1}{8}$
⑤ $\dfrac{1}{4}$

8 [24908-0018] ○ △ ✕

확률변수 X의 확률분포를 표로 나타내면 다음과 같다.

X	-1	0	1	2	합계
$\mathrm{P}(X=x)$	$\dfrac{1}{10}$	$\dfrac{1}{5}$	a	b	1

$\mathrm{E}(2X) = \mathrm{E}(X) + 1$일 때, $\dfrac{a}{b}$의 값은? (단, a, b는 상수이다.)

① $\dfrac{1}{4}$
② $\dfrac{1}{2}$
③ $\dfrac{3}{4}$

④ 1
⑤ $\dfrac{5}{4}$

 [24908-0019] ○ △ ✕

9 어느 드론 생산업체에서는 A, B 두 종류의 드론을 생산하고 있다. 드론 A 한 개의 무게는 평균이 480, 표준편차가 5인 정규분포를 따르고, 드론 B 한 개의 무게는 평균이 320, 표준편차가 σ인 정규분포를 따른다고 한다. 이 드론 생산업체에서 생산된 드론 A와 드론 B에서 임의로 드론을 각각 1개씩 선택할 때, 선택된 드론 A의 무게가 487 이상일 확률이 선택된 드론 B의 무게가 330 이상일 확률의 2배와 같다. σ의 값을 오른쪽 표준정규분포표를 이용하여 구한 것은?

(단, 무게의 단위는 g이다.)

z	$P(0 \le Z \le z)$
1.2	0.38
1.4	0.42
1.6	0.45
1.8	0.46
2.0	0.48

① $\dfrac{14}{3}$　　② $\dfrac{44}{9}$　　③ $\dfrac{46}{9}$

④ $\dfrac{16}{3}$　　⑤ $\dfrac{50}{9}$

[24908-0020] ○ △ ✕

10 어느 가게에서 판매하는 오이 한 개의 길이는 평균이 m, 표준편차가 4인 정규분포를 따른다고 한다. 이 가게에서 판매하는 오이 n개를 임의추출하여 얻은 표본평균을 이용하여 구한 모평균 m에 대한 신뢰도 95 %의 신뢰구간이 $a \le m \le b$이다. $b-a=0.98$일 때, n의 값을 구하시오.

(단, 길이의 단위는 cm이고, Z가 표준정규분포를 따르는 확률변수일 때, $P(|Z| \le 1.96) = 0.95$로 계산한다.)

03 회 미니모의고사

EBS 수능특강 Q 미니모의고사 **확률과 통계**

○ 알고 맞힘 　/10　 △ 헷갈림 　/10　 ✗ 모르고 틀림 　/10

[24908-0021]　○ △ ✗

1 남학생 A를 포함한 남학생 3명과 여학생 5명이 있다. 이 8명의 학생이 일정한 간격을 두고 원 모양의 탁자에 모두 둘러 앉을 때, A의 양옆에는 모두 남학생이 앉는 경우의 수는?

(단, 회전하여 일치하는 것은 같은 것으로 본다.)

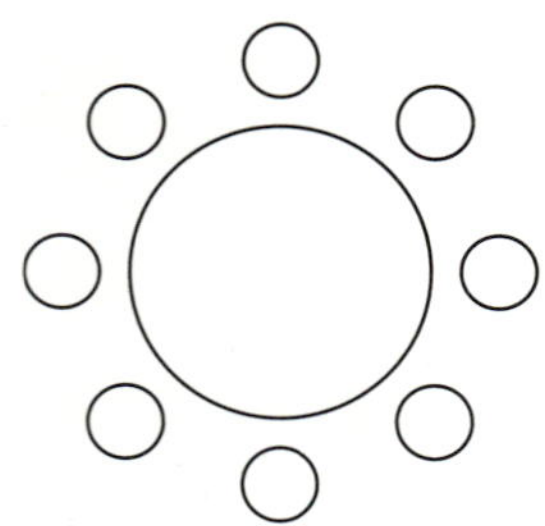

① 120　　② 240　　③ 360
④ 480　　⑤ 600

[24908-0022]　○ △ ✗

2 그림과 같이 정사각형 모양으로 연결된 도로망을 따라 갑은 A지점에서 출발하여 C지점까지, 을은 B지점에서 출발하여 C지점까지 각각 최단 거리로 이동한다. 갑과 을이 동시에 출발하여 서로 같은 속력으로 이동할 때, 두 사람이 C지점에서 처음으로 만나는 경우의 수는?

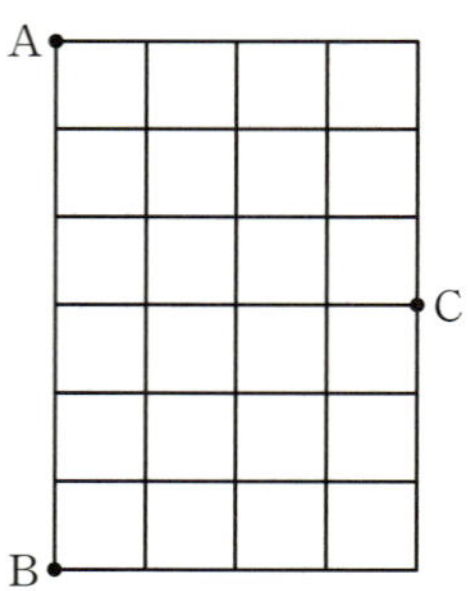

① 750　　② 775　　③ 800
④ 825　　⑤ 850

3 서로 다른 종류의 셔츠 4벌과 같은 종류의 바지 7벌을 같은 종류의 3개의 옷장에 남김없이 나누어 넣으려고 한다. 각 옷장에 셔츠와 바지가 각각 1벌 이상씩 들어가도록 나누어 넣는 경우의 수는?

① 70 ② 75 ③ 80

④ 85 ⑤ 90

4 한 개의 주사위를 두 번 던져서 나오는 눈의 수를 차례로 a, b라 하자. a가 b의 약수일 확률은?

① $\dfrac{5}{18}$ ② $\dfrac{1}{3}$ ③ $\dfrac{7}{18}$

④ $\dfrac{4}{9}$ ⑤ $\dfrac{1}{2}$

5 두 개의 주사위를 동시에 던져서 나오는 두 눈의 수가 모두 짝수이거나 두 눈의 수의 합이 7일 확률은?

① $\dfrac{1}{4}$ ② $\dfrac{7}{24}$ ③ $\dfrac{1}{3}$

④ $\dfrac{3}{8}$ ⑤ $\dfrac{5}{12}$

고난도 [24908-0026] ○ △ ✕

6 1부터 5까지의 자연수가 하나씩 적혀 있는 5장의 카드에서 임의로 2장의 카드를 동시에 선택한다. 선택한 2장의 카드에 적혀 있는 두 수의 합이 6인 사건을 A, 3 이상 20 이하의 자연수 m에 대하여 선택한 2장의 카드에 적혀 있는 두 수의 곱이 m 이상인 사건을 B라 하자. 두 사건 A와 B가 서로 독립이 되도록 하는 모든 m의 값의 합은?

① 11 ② 13 ③ 15
④ 17 ⑤ 19

[24908-0027] ○ △ ✕

7 한 개의 동전을 4번 던질 때 앞면이 나온 횟수를 a라 하고 한 개의 주사위를 4번 던질 때 5 이상의 눈의 수가 나온 횟수를 b라 하자. $a \geq 3$이고 $b > 0$일 확률이 p일 때, $6^4 p$의 값을 구하시오.

[24908-0028] ○ △ ✕

8 한 개의 주사위를 세 번 던질 때, 다음 규칙에 따라 얻은 점수를 확률변수 X라 하자.

(가) 3의 배수의 눈이 연속하여 나오지 않으면 0점으로 한다.
(나) 3의 배수의 눈이 연속하여 두 번만 나오면 1점으로 한다.
(다) 3의 배수의 눈이 연속하여 세 번 나오면 2점으로 한다.

$E(X)$의 값은?

① $\dfrac{1}{9}$ ② $\dfrac{2}{9}$ ③ $\dfrac{1}{3}$
④ $\dfrac{4}{9}$ ⑤ $\dfrac{5}{9}$

9 연속확률변수 X가 갖는 값의 범위는 $-3 \leq X \leq 3$이고, X의 확률밀도함수의 그래프는 그림과 같다.

[24908-0029]

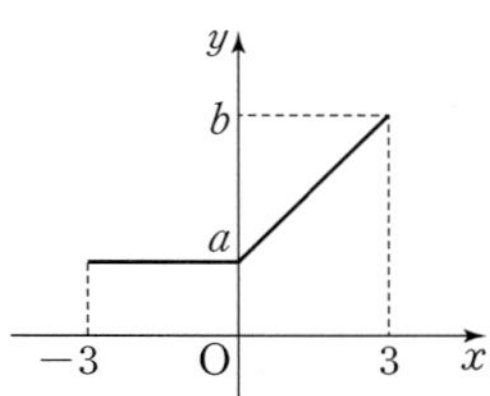

$P(-3 \leq X \leq 1) = P(1 \leq X \leq 3)$일 때, $P(0 \leq X \leq 1)$의 값은? (단, a, b는 상수이다.)

① $\dfrac{1}{20}$
② $\dfrac{1}{10}$
③ $\dfrac{3}{20}$

④ $\dfrac{1}{5}$
⑤ $\dfrac{1}{4}$

10 고난도 어느 택시 호출 앱을 이용하여 택시를 호출한 고객 1명의 대기 시간은 모평균이 m, 모표준편차가 σ인 정규분포를 따른다고 한다. 이 앱을 이용하여 택시를 호출한 고객 중에서 n명을 임의추출하여 구한 대기 시간의 표본평균이 9일 때, 이 결과를 이용하여 구한 모평균 m에 대한 신뢰도 95 %의 신뢰구간은 $a \leq m \leq b$이다. 이 앱을 이용하여 택시를 호출한 고객 중에서 다시 n명을 임의추출하여 구한 대기 시간의 표본평균이 11.27일 때, 이 결과를 이용하여 구한 모평균 m에 대한 신뢰도 99 %의 신뢰구간은 $b \leq m \leq c$이다. $a+c$의 값은?

(단, 대기 시간의 단위는 분이고, Z가 표준정규분포를 따르는 확률변수일 때, $P(|Z| \leq 1.96) = 0.95$, $P(|Z| \leq 2.58) = 0.99$로 계산한다.)

[24908-0030]

① 18.58
② 19.58
③ 20.58

④ 21.58
⑤ 22.58

04 회 미니모의고사

EBS 수능특강 Q 미니모의고사 **확률과 통계**

○ 알고 맞힘 　/10　△ 헷갈림 　/10　✗ 모르고 틀림 　/10

[24908-0031] ○ △ ✗

1 집합 $X=\{5,\ 6,\ 7,\ 8,\ 9\}$에 대하여 다음 조건을 만족시키는 함수 $f:X \to X$의 개수는?

> 집합 X의 임의의 원소 a에 대하여 a가 3의 배수이면 $f(a)$도 3의 배수이고, a가 3의 배수가 아니면 $f(a) < f(6)$이다.

① 120　　② 130　　③ 140
④ 150　　⑤ 160

[24908-0032] ○ △ ✗

2 그림과 같이 마름모 모양으로 연결된 도로망이 있다. 이 도로망을 따라 A지점에서 출발하여 구간 PQ 또는 구간 QR를 거쳐 B지점까지 최단거리로 이동하는 경우의 수는?

① 24　　② 27　　③ 30
④ 33　　⑤ 36

---

3  집합 $U=\{x\,|\,x$는 30 이하의 자연수$\}$의 부분집합 X에 대하여 다음 조건을 만족시키는 모든 집합 X의 개수는?

> (가) 집합 X의 원소 중 짝수의 개수는 8 이상이다.
> (나) 집합 X의 원소 중 홀수의 개수는 7 이하이다.

① 2^{26} ② 2^{27} ③ 2^{28}
④ 2^{29} ⑤ 2^{30}

4 방정식 $a+b+c+d=5$를 만족시키는 음이 아닌 정수 a, b, c, d의 모든 순서쌍 $(a,\,b,\,c,\,d)$ 중에서 임의로 한 개를 선택할 때, 선택한 순서쌍 $(a,\,b,\,c,\,d)$가 $ab=0$을 만족시킬 확률은?

① $\dfrac{4}{7}$ ② $\dfrac{17}{28}$ ③ $\dfrac{9}{14}$
④ $\dfrac{19}{28}$ ⑤ $\dfrac{5}{7}$

5 그림과 같이 직사각형 ABCD의 변 AB 위에 선분 AB를 5등분 하는 4개의 점이 있고, 변 CD 위에 선분 CD를 6등분 하는 5개의 점이 있다. 변 CD 위의 5개의 점 중에 임의로 서로 다른 4개의 점을 택하여 변 AB 위의 서로 다른 4개의 점과 일대일로 이어서 임의로 4개의 선분을 그릴 때, 네 선분에 의하여 생기는 교점의 개수가 2 이상일 확률은?

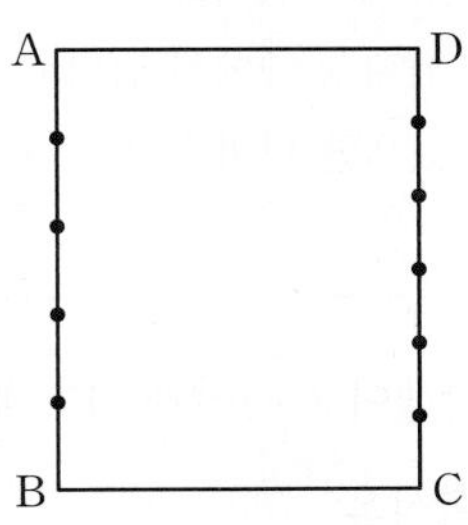

① $\dfrac{1}{2}$ ② $\dfrac{17}{30}$ ③ $\dfrac{19}{30}$
④ $\dfrac{7}{10}$ ⑤ $\dfrac{23}{30}$

[24908-0036] ○ △ ✕

6 여학생 11명과 승진이를 포함한 남학생 12명 총 23명으로 이루어진 학급에서 대표 학생 4명을 다음과 같은 방법으로 선출하려고 한다.

(가) 먼저 23명 중 임의로 3명의 대표 학생을 선출한다.
(나) (가)에서 선출한 대표 학생 3명이 모두 남학생이면 나머지 한 명을 여학생 중에서 임의로 선출하고, 모두 여학생이면 나머지 한 명을 남학생 중에서 임의로 선출하고, 남학생과 여학생이 모두 있으면 나머지 20명 중에서 임의로 한 명을 선출한다.

선출된 4명의 대표 학생이 승진이와 여학생 3명일 확률은 $\dfrac{q}{p}$ 이다. $p+q$의 값을 구하시오.

(단, p와 q는 서로소인 자연수이다.)

[24908-0037] ○ △ ✕

7 이산확률변수 X의 확률분포가 상수 a에 대하여

$$\mathrm{P}(X=x)=\frac{ax}{20}\ (x=1,\ 2,\ 3,\ 4)$$

일 때, $a\times\mathrm{P}(X\geq2)$의 값은?

① $\dfrac{7}{5}$　　② $\dfrac{3}{2}$　　③ $\dfrac{8}{5}$

④ $\dfrac{17}{10}$　　⑤ $\dfrac{9}{5}$

[24908-0038] ○ △ ✕

8 좌표평면의 원점에 점 P가 있다. 한 개의 주사위를 이용하여 다음 시행을 한다.

한 개의 주사위를 한 번 던져서 4 이하의 눈이 나오면 점 P를 x축의 방향으로 2만큼, y축의 방향으로 1만큼 평행이동시키고, 5 이상의 눈이 나오면 점 P를 x축의 방향으로 -1만큼 평행이동시킨다.

위의 시행을 45번 반복하여 이동한 점 P의 좌표 $(x,\ y)$에 대하여 $x+y$의 값의 기댓값은?

① 70　　② 75　　③ 80

④ 85　　⑤ 90

[24908-0039] ○ △ ✕

9 어느 공장에서 생산하는 비누 제품 한 개의 무게는 평균이 176 g, 표준편차가 2 g인 정규분포를 따른다고 한다. 이 공장에서는 한 개의 무게가 a g 이상인 비누 제품을 정품으로 인정한다고 할 때, 이 공장에서 생산하는 비누 제품 중에서 임의로 선택한 한 개의 비누 제품이 정품으로 인정될 확률이 0.9332이었다. 상수 a의 값을 오른쪽 표준정규분포표를 이용하여 구한 것은?

z	$P(0 \leq Z \leq z)$
0.5	0.1915
1.0	0.3413
1.5	0.4332
2.0	0.4772

① 171　　　② 172　　　③ 173

④ 174　　　⑤ 175

[24908-0040] ○ △ ✕

10 모평균이 m, 모표준편차가 10인 정규분포를 따르는 모집단에서 크기가 100인 표본을 임의추출하여 구한 모평균 m에 대한 신뢰도 95 %의 신뢰구간은 $a \leq m \leq b$이고, 이 모집단에서 크기가 n인 표본을 임의추출하여 구한 모평균 m에 대한 신뢰도 95 %의 신뢰구간은 $c \leq m \leq d$이다. $b-a \geq \dfrac{2}{3}(d-c)$일 때, 자연수 n의 최솟값을 구하시오. (단, Z가 표준정규분포를 따르는 확률변수일 때, $P(|Z| \leq 1.96) = 0.95$로 계산한다.)

05회 미니모의고사

EBS 수능특강 Q 미니모의고사 **확률과 통계**

○ 알고 맞힘 ____ /10   △ 헷갈림 ____ /10   ✕ 모르고 틀림 ____ /10

[24908-0041] ○ △ ✕

1 그림과 같이 한 변의 길이가 2인 정사각형의 각 꼭짓점을 중심으로 하고 반지름의 길이가 1인 사분원을 정사각형의 내부에 그린 도형이 있다. 이 도형의 5개의 영역을 서로 다른 5가지 색을 모두 이용하여 칠하는 경우의 수는? (단, 한 영역에는 한 가지 색만 칠하고, 회전하여 일치하는 것은 같은 것으로 본다.)

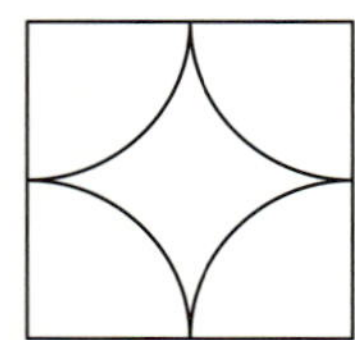

① 10   ② 20   ③ 30
④ 40   ⑤ 50

[24908-0042] ○ △ ✕

2 야구공, 테니스공, 탁구공이 각각 2개, 2개, 3개씩 모두 7개의 공이 있다. 이 7개의 공 중에서 5개의 공을 택하여 5명의 학생에게 각각 한 개씩 나누어 주는 경우의 수는?

(단, 같은 종류의 공끼리는 서로 구별하지 않는다.)

① 128   ② 130   ③ 132
④ 134   ⑤ 136

[24908-0043]   ○ △ ✕

3 1부터 10까지의 자연수가 하나씩 적힌 접시 10개가 그림과 같이 번호 순서대로 놓여 있다. 빨간색 카드 3장과 파란색 카드 7장을 각 접시 위에 한 장씩 놓을 때, 빨간색 카드가 놓여 있는 접시에 적힌 수가 왼쪽부터 각각 홀수, 짝수, 홀수인 경우의 수는? (단, 같은 색의 카드끼리는 서로 구별하지 않는다.)

1 2 3 4 5
6 7 8 9 10

① 16 ② 18 ③ 20
④ 22 ⑤ 24

[24908-0044]   ○ △ ✕

4 2 이상 5 이하의 자연수 중에서 임의로 선택한 한 개의 수를 a라 하고, 6 이상 20 이하의 자연수 중에서 임의로 선택한 한 개의 수를 b라 하자. $\dfrac{b}{a}$의 값이 자연수이고 두 수 a, $\dfrac{b}{a}$가 서로소일 확률은?

① $\dfrac{11}{60}$ ② $\dfrac{1}{5}$ ③ $\dfrac{13}{60}$

④ $\dfrac{7}{30}$ ⑤ $\dfrac{1}{4}$

[24908-0045]   ○ △ ✕

5 한 개의 주사위를 두 번 던져 나온 눈의 수를 차례로 a, b라 하고, 실수 x에 대한 두 조건 p, q를

$$p : x = a, \quad q : x^2 - (2+b)x + 2b \le 0$$

이라 할 때, 조건 p가 조건 q이기 위한 충분조건이 될 확률은?

① $\dfrac{4}{9}$ ② $\dfrac{17}{36}$ ③ $\dfrac{1}{2}$

④ $\dfrac{19}{36}$ ⑤ $\dfrac{5}{9}$

[24908-0046] ○ △ ✕

6 여학생이 80명이고 남학생이 120명인 어느 학교 전체 학생을 대상으로 두 생활복 디자인 A, B에 대한 선호도를 조사하였다. 이 학교의 200명의 학생은 디자인 A와 디자인 B 중에서 하나만 선택하였고, 디자인 A를 선택한 학생은 160명이었다. 이 학교 학생 중에서 임의로 선택한 1명이 여학생인 사건과 디자인 A를 선택한 학생인 사건은 서로 독립이다. 이 학교 학생 중에서 임의로 선택한 1명이 남학생일 때, 이 학생이 디자인 A를 선택한 학생일 확률은?

① $\dfrac{2}{5}$ ② $\dfrac{1}{2}$ ③ $\dfrac{3}{5}$

④ $\dfrac{7}{10}$ ⑤ $\dfrac{4}{5}$

고난도 **[24908-0047]** ○ △ ✕

7 2 이상의 자연수 n에 대하여 1부터 n까지의 자연수 중에서 임의로 한 개를 택할 때, 짝수를 택하는 사건을 A, 6의 약수를 택하는 사건을 B라 하자. 두 사건 A와 B가 서로 독립이 되도록 하는 자연수 n의 값을 작은 것부터 차례로 a_1, a_2, a_3, $\cdots$ 이라 할 때, $\displaystyle\sum_{k=1}^{20} a_k$의 값을 구하시오.

[24908-0048] ○ △ ✕

8 확률변수 X의 확률분포를 표로 나타내면 다음과 같다.

X	$2a$	$4a$	$6a$	합계
$\mathrm{P}(X=x)$	$\dfrac{1}{6}$	$\dfrac{1}{3}$	a	1

$\mathrm{E}(X)$의 값은? (단, a는 상수이다.)

① $\dfrac{4}{3}$ ② $\dfrac{5}{3}$ ③ 2

④ $\dfrac{7}{3}$ ⑤ $\dfrac{8}{3}$

고난도 [24908-0049] ○ △ ×

9 정규분포를 따르는 두 확률변수 X, Y의 확률밀도함수를 각각 $f(x)$, $g(x)$라 할 때, 두 함수 $f(x)$, $g(x)$가 다음 조건을 만족시킨다.

(가) 함수 $f(x)$는 $x=20$에서 최댓값을 갖는다.
(나) 모든 실수 x에 대하여 $g(x)=f(x+5)$

$P(16 \leq X \leq 24)=0.3830$일 때, $P(Y \geq k)=0.0228$을 만족시키는 상수 k의 값을 오른쪽 표준정규분포표를 이용하여 구한 것은?

z	$P(0 \leq Z \leq z)$
0.5	0.1915
1.0	0.3413
1.5	0.4332
2.0	0.4772

① 28　　　② 29
③ 30　　　④ 31
⑤ 32

[24908-0050] ○ △ ×

10 어느 제과점에서 생산하는 빵 한 개의 무게는 평균이 15 g, 표준편차가 1 g인 정규분포를 따른다고 한다. 이 제과점에서는 빵을 4개씩 한 상자에 담아 판매하는데 한 상자에 담긴 빵의 무게의 합이 a g보다 크면 정상 가격으로 판매하고 a g 이하이면 할인된 가격으로 판매한다고 한다. 이 제과점에서 빵을 4개씩 담아 판매하는 상자 중에서 임의로 선택한 한 상자가 할인된 가격으로 판매할 상자일 확률을 오른쪽 표준정규분포표를 이용하여 구하면 0.1587이다. 상수 a의 값을 구하시오.

　(단, 상자의 무게는 무시한다.)

z	$P(0 \leq Z \leq z)$
0.5	0.1915
1.0	0.3413
1.5	0.4332
2.0	0.4772

06 회 미니모의고사

EBS 수능특강 Q 미니모의고사 **확률과 통계**

○ 알고 맞힘 ___ /10   △ 헷갈림 ___ /10   ✕ 모르고 틀림 ___ /10

[24908-0051] ○ △ ✕

1 문자 A, B, C, D가 앞면에 하나씩 적혀 있는 4장의 카드가 있다. 빨간색을 포함한 서로 다른 3가지 색 중에서 중복을 허락하여 4개의 색을 택해 4장의 카드 앞면에 색을 칠할 때, 빨간색을 칠한 카드의 개수가 1인 경우의 수는? (단, 각 카드에는 한 가지 색만을 칠하고, 칠하지 않는 색이 있을 수 있다.)

① 24   ② 28   ③ 32

④ 36   ⑤ 40

고난도   [24908-0052] ○ △ ✕

2 집합 $X=\{1,\ 2,\ 3,\ 4,\ 5,\ 6\}$에 대하여 다음 조건을 만족시키는 함수 $f:X\longrightarrow X$의 개수는?

> (가) $f(1)+f(4)$는 4의 약수이다.
> (나) $x\leq3$이면 $f(x)\leq f(1)$이다.
> (다) $x>3$이면 $f(x)\geq f(4)$이다.

① 434   ② 448   ③ 462

④ 476   ⑤ 490

[24908-0053] ○ △ ×

3 $\sum\limits_{k=0}^{n} {}_{2n}\mathrm{C}_{2k} = \sum\limits_{k=0}^{15} {}_{15}\mathrm{C}_{k}$ 를 만족시키는 자연수 n의 값을 구하시오.

[24908-0054] ○ △ ×

4 집합 $X = \{1, 2, 3, 4\}$에 대하여 X에서 X로의 모든 함수 f 중에서 임의로 하나를 택할 때, $f(2) \leq f(3)$일 확률은?

① $\dfrac{3}{8}$ ② $\dfrac{7}{16}$ ③ $\dfrac{1}{2}$

④ $\dfrac{9}{16}$ ⑤ $\dfrac{5}{8}$

[24908-0055] ○ △ ×

5 2부터 9까지의 자연수가 하나씩 적힌 구슬 8개가 들어 있는 주머니가 있다. 이 주머니에서 임의로 두 개의 구슬을 동시에 꺼낼 때, 꺼낸 두 개의 구슬에 적힌 두 수의 공약수 중 2 또는 3이 있을 확률은?

① $\dfrac{1}{4}$ ② $\dfrac{2}{7}$ ③ $\dfrac{9}{28}$

④ $\dfrac{5}{14}$ ⑤ $\dfrac{11}{28}$

[24908-0056] ○ △ ✕

6 좌표평면 위의 점 P가 원점에 있다. 흰 공 2개, 검은 공 3개가 들어 있는 상자를 사용하여 다음 시행을 한다.

> 상자에서 임의로 1개의 공을 꺼낸 후 꺼낸 공이 흰 공이면 점 P를 x축의 방향으로 1만큼, y축의 방향으로 -2만큼 이동시키고, 꺼낸 공이 검은 공이면 점 P를 x축의 방향으로 -1만큼, y축의 방향으로 3만큼 이동시킨다.

이 시행을 5번 반복하여 점 P가 점 $(1,\ 0)$으로 이동될 확률은?
(단, 꺼낸 공은 다시 넣는다.)

① $\dfrac{4}{25}$ ② $\dfrac{121}{625}$ ③ $\dfrac{144}{625}$

④ $\dfrac{169}{625}$ ⑤ $\dfrac{196}{625}$

[24908-0057] ○ △ ✕

7 이산확률변수 X가 갖는 값이 0, 1, 2, 3이고 이산확률변수 Y가 갖는 값이 0, 2, 4, 6일 때,

$$\mathrm{P}(Y=2x)=a\times\mathrm{P}(X=x)+\frac{a}{(x+1)(x+2)}$$
$$(x=0,\ 1,\ 2,\ 3)$$

이 성립한다. 상수 a의 값은?

① $\dfrac{1}{9}$ ② $\dfrac{2}{9}$ ③ $\dfrac{1}{3}$

④ $\dfrac{4}{9}$ ⑤ $\dfrac{5}{9}$

[24908-0058] ○ △ ✕

8 다섯 개의 문자 A, B, C, D, E가 하나씩 적혀 있는 다섯 장의 카드를 임의로 일렬로 나열할 때, 문자 A, E가 적혀 있는 두 장의 카드 사이에 나열된 카드의 개수를 확률변수 X라 하자. $\mathrm{V}(5X-2)$의 값은?

① 25 ② 30 ③ 35

④ 40 ⑤ 45

고난도 [24908-0059] ○ △ ✕

9 평균이 m, 표준편차가 σ인 정규분포를 따르는 확률변수 X가 다음 조건을 만족시킨다.

> (가) m과 σ는 모두 자연수이고, $m \times \sigma$의 값은 720보다 작다.
> (나) $\mathrm{P}(-\sigma \le X \le 2m+\sigma) = 0.9876$

$m \times \sigma$의 값이 최대일 때, $\mathrm{P}(X \ge 60)$의 값을 오른쪽 표준정규분포표를 이용하여 구한 것은?

z	$\mathrm{P}(0 \le Z \le z)$
1.0	0.3413
1.5	0.4332
2.0	0.4772
2.5	0.4938

① 0.0062 ② 0.0228
③ 0.0668 ④ 0.1587
⑤ 0.3413

[24908-0060] ○ △ ✕

10 자연수 n에 대하여 이항분포 $\mathrm{B}(n,\ p)$를 따르는 확률변수 X가 근사적으로 정규분포 $\mathrm{N}(np,\ np(1-p))$를 따르고, 정규분포를 이용하면 확률변수 X는 다음 조건을 만족시킨다.

> (가) $\displaystyle\sum_{k=0}^{n} k\ {}_n\mathrm{C}_k\, p^k (1-p)^{n-k} = 90$
> (나) $\displaystyle\sum_{k=87}^{n} {}_n\mathrm{C}_k\, p^k (1-p)^{n-k} = 0.8413$

오른쪽 표준정규분포표를 이용하여 n의 값을 구하시오. (단, $n > 87$)

z	$\mathrm{P}(0 \le Z \le z)$
0.5	0.1915
1.0	0.3413
1.5	0.4332
2.0	0.4772

07회 미니모의고사

EBS 수능특강 Q 미니모의고사 **확률과 통계**

○ 알고 맞힘 　/10　 △ 헷갈림 　/10　 ✕ 모르고 틀림 　/10

[24908-0061] ○ △ ✕

1 남학생 4명, 여학생 3명이 있다. 이 7명의 학생이 일정한 간격을 두고 원 모양의 탁자에 모두 둘러앉을 때, 어떤 남학생과도 이웃하여 앉지 않는 여학생이 존재하도록 앉는 경우의 수는? (단, 회전하여 일치하는 것은 같은 것으로 본다.)

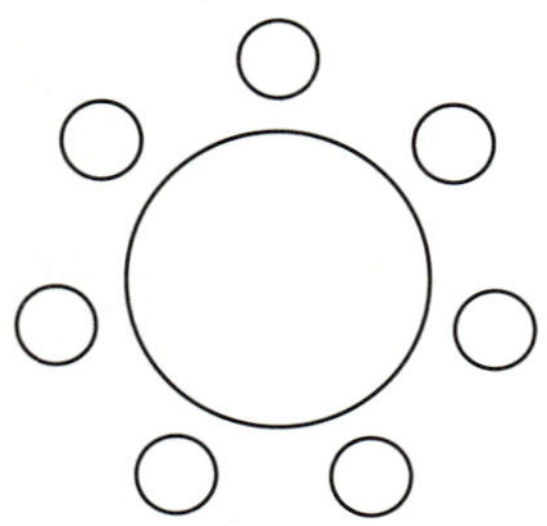

① 132　　② 144　　③ 156

④ 168　　⑤ 180

[24908-0062] ○ △ ✕

2 그림과 같이 직사각형 모양으로 연결된 도로망이 있다. 한 번 지나간 도로는 다시 지나갈 수 없을 때, 이 도로망을 따라 A지점에서 출발하여 C지점을 지나 B지점까지 최단 거리로 가는 경우의 수는?

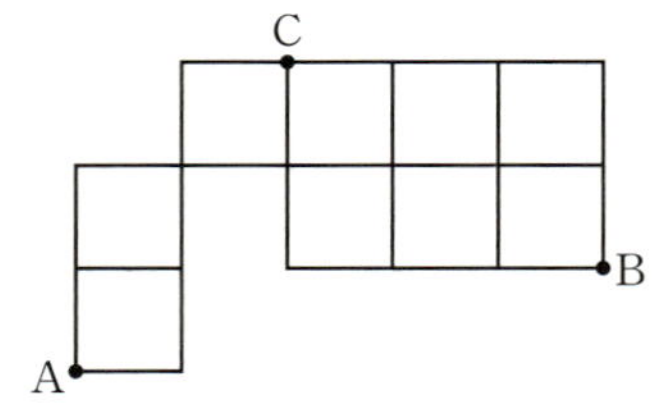

① 40　　② 42　　③ 44

④ 46　　⑤ 48

[24908-0063] ○ △ ✕

3 $\left(x+\dfrac{1}{x}\right)(x^2+a)^5$의 전개식에서 $\dfrac{1}{x}$의 계수가 32일 때, x의 계수는 b이다. $a+b$의 값을 구하시오. (단, a는 실수이다.)

[24908-0064] ○ △ ✕

4 한 개의 주사위를 세 번 던져서 나오는 눈의 수를 차례로 a, b, c라 할 때, $a+b$가 c의 배수일 확률은?

① $\dfrac{1}{3}$ 　　　 ② $\dfrac{19}{54}$ 　　　 ③ $\dfrac{10}{27}$

④ $\dfrac{7}{18}$ 　　　 ⑤ $\dfrac{11}{27}$

[24908-0065] ○ △ ✕

5 한 변의 길이가 1인 정육각형의 6개의 꼭짓점 중 임의로 서로 다른 3개의 꼭짓점을 택할 때, 택한 3개의 꼭짓점으로 만든 삼각형의 세 변 중에서 두 변의 길이의 합이 3일 확률은?

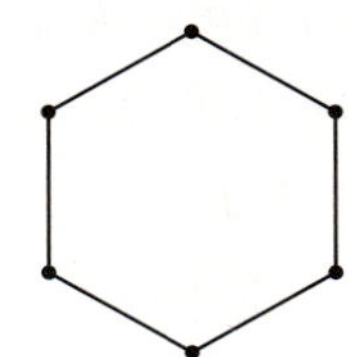

① $\dfrac{3}{10}$ 　　　 ② $\dfrac{2}{5}$ 　　　 ③ $\dfrac{1}{2}$

④ $\dfrac{3}{5}$ 　　　 ⑤ $\dfrac{7}{10}$

[24908-0066] ○ △ ✕

6 주머니 A에는 흰 공 2개와 검은 공 4개가 들어 있고 주머니 B에는 흰 공 6개가 들어 있다. 주머니 A에서 임의로 3개의 공을 동시에 꺼내어 주머니 B에 넣은 후, 주머니 B에서 임의로 2개의 공을 동시에 꺼내어 주머니 A에 넣는다. 이와 같은 시행을 한 번 하여 주머니 A에 들어 있는 검은 공의 개수가 홀수일 때, 처음 주머니 A에서 꺼낸 검은 공의 개수가 짝수일 확률은 $\dfrac{q}{p}$이다. $p+q$의 값을 구하시오.

(단, p와 q는 서로소인 자연수이다.)

[24908-0067] ○ △ ✕

7 한 개의 동전을 한 번 던지는 시행을 5번 반복할 때, 첫 번째와 두 번째 시행에서 나온 모든 앞면의 개수를 a, 세 번째, 네 번째, 다섯 번째 시행에서 나온 모든 앞면의 개수를 b라 하자. $a<b$일 확률은?

① $\dfrac{1}{6}$　　② $\dfrac{1}{3}$　　③ $\dfrac{1}{2}$

④ $\dfrac{2}{3}$　　⑤ $\dfrac{5}{6}$

[24908-0068] ○ △ ✕

8 이항분포 $B(4n,\ p)$를 따르는 확률변수 X가 다음 조건을 만족시킨다.

(가) $P(X=2n-1)=25P(X=2n+1)$
(나) $E(X)=80$

확률변수 Y가 이항분포 $B(n,\ 2p)$를 따를 때, $V(Y)$의 값은?

① $\dfrac{40}{3}$　　② $\dfrac{50}{3}$　　③ 20

④ $\dfrac{70}{3}$　　⑤ $\dfrac{80}{3}$

[24908-0069] ○ △ ✕

9 확률변수 X가 정규분포 $N(m, 4^2)$을 따르고, $P(X \le 7) = P(X \ge 11)$을 만족시킬 때, $P(7 \le X \le 15)$의 값을 오른쪽 표준정규분포표를 이용하여 구한 것은?

z	$P(0 \le Z \le z)$
0.5	0.1915
1.0	0.3413
1.5	0.4332
2.0	0.4772

① 0.5328　　② 0.6247

③ 0.6826　　④ 0.8185

⑤ 0.8664

고난도　[24908-0070] ○ △ ✕

10 모집단의 확률변수 X는 정규분포 $N(m, \sigma^2)$을 따르고 이 모집단에서 크기가 4인 표본을 임의추출하여 구한 표본평균을 $\overline{X}$라 할 때, 다음 조건을 만족시킨다.

> (가) $P(X \ge 12) \le P(X \le 18) \le P(X \ge 8)$
> (나) $P(X \ge 20) < P(\overline{X} \le 10)$

m이 정수이고 $P(\overline{X} \ge 15) = 0.1587$일 때, $m + \sigma$의 값을 오른쪽 표준정규분포표를 이용하여 구하시오. (단, $\sigma > 0$)

z	$P(0 \le Z \le z)$
0.5	0.1915
1.0	0.3413
1.5	0.4332
2.0	0.4772

08회 미니모의고사

EBS 수능특강 Q 미니모의고사 **확률과 통계**

○ 알고 맞힘 ___ /10   △ 헷갈림 ___ /10   ✕ 모르고 틀림 ___ /10

[24908-0071] ○ △ ✕

1 숫자 2, 3, 4, 6 중에서 중복을 허락하여 4개를 택해 일렬로 나열하여 만든 네 자리의 자연수 중에서 천의 자리의 수는 일의 자리의 수의 약수이고 천의 자리의 수는 일의 자리의 수보다 작은 자연수의 개수는?

① 48　　　② 54　　　③ 60

④ 66　　　⑤ 72

[24908-0072] ○ △ ✕

2 네 명의 학생 A, B, C, D에게 같은 종류의 빵 3개와 같은 종류의 우유 6병을 다음 규칙에 따라 남김없이 나누어 주는 경우의 수는? (단, 빵과 우유 중 어느 것도 받지 못하는 학생이 있을 수 있다.)

> (가) 적어도 두 명의 학생은 빵을 받는다.
> (나) 빵을 받는 학생은 적어도 하나의 우유를 받는다.

① 420　　　② 440　　　③ 460

④ 480　　　⑤ 500

고난도 [24908-0073] ○ △ ✕

3 같은 종류의 구슬 10개가 있다. 다음 조건을 만족시키도록 구슬을 서로 다른 4개의 주머니에 넣는 경우의 수를 구하시오.

(가) 각 주머니에는 7개 이하의 구슬을 넣고, 빈 주머니가 있을 수 있다.
(나) 어느 주머니에도 넣지 않은 구슬이 있다.

고난도 [24908-0075] ○ △ ✕

5 [그림 1]의 도형에 다음과 같은 [실행 1], [실행 2]의 순서로 숫자를 써넣는다.

[실행 1] 내부가 비어 있는 8개의 원에 1부터 8까지의 자연수를 모두 한 번씩 사용하여 임의로 써넣는다.
[실행 2] 내부가 비어 있는 4개의 ⬡모양의 도형에 이 도형과 원주의 일부를 공유하는 4개의 원에 적혀 있는 모든 수의 합이 홀수이면 1, 짝수이면 0을 써넣는다.

[그림 2]는 [실행 1], [실행 2]의 순서로 숫자를 써넣은 한 예이다. [실행 1], [실행 2]의 순서로 숫자를 써넣을 때, 4개의 ⬡모양의 도형에 적혀 있는 1의 개수가 4일 확률은?

(단, 주어진 도형을 회전시키지 않는다.)

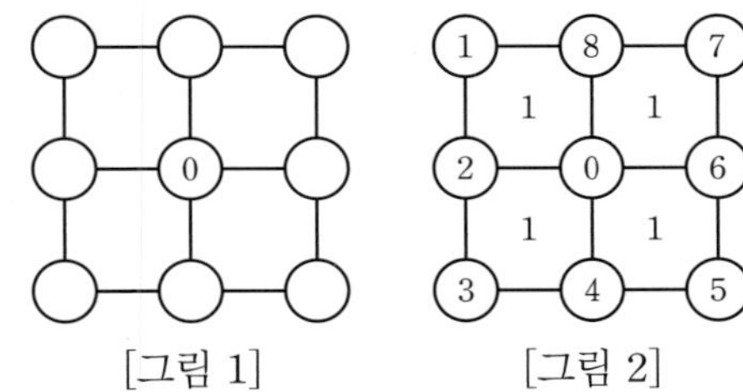

[그림 1]   [그림 2]

① $\dfrac{1}{14}$ ② $\dfrac{1}{7}$ ③ $\dfrac{3}{14}$

④ $\dfrac{2}{7}$ ⑤ $\dfrac{5}{14}$

[24908-0074] ○ △ ✕

4 집합 $X = \{1, 2, 3, 4, 5\}$에서 집합 $Y = \{1, 2, 3\}$으로의 모든 함수 f 중에서 임의로 선택한 함수 f의 치역의 원소의 개수가 2일 확률은?

① $\dfrac{22}{81}$ ② $\dfrac{8}{27}$ ③ $\dfrac{26}{81}$

④ $\dfrac{28}{81}$ ⑤ $\dfrac{10}{27}$

[24908-0076] ○ △ ✕

6 2개의 주사위를 동시에 던져서 나온 눈의 수의 합이 7이면 6개의 동전을 던지고, 나온 눈의 수의 합이 7이 아니면 4개의 동전을 던지는 시행을 한다. 이 시행을 한 번 할 때, 앞면이 나온 동전과 뒷면이 나온 동전의 개수가 서로 같을 확률은?

① $\dfrac{31}{96}$ ② $\dfrac{1}{3}$ ③ $\dfrac{11}{32}$

④ $\dfrac{17}{48}$ ⑤ $\dfrac{35}{96}$

[24908-0077] ○ △ ✕

7 이산확률변수 X의 확률분포를 표로 나타내면 다음과 같다.

X	1	2	3	4	합계
$\mathrm{P}(X=x)$	a	$\dfrac{1}{6}$	$\dfrac{1}{4}$	b	1

$\mathrm{P}(X\leq 2)=\dfrac{1}{2}$일 때, $a-b$의 값은? (단, a, b는 상수이다.)

① $\dfrac{1}{12}$ ② $\dfrac{1}{6}$ ③ $\dfrac{1}{4}$

④ $\dfrac{1}{3}$ ⑤ $\dfrac{5}{12}$

[24908-0078] ○ △ ✕

8 확률변수 X는 이항분포 $\mathrm{B}(3,\ p)$를 따르고, 확률변수 Y는 이항분포 $\mathrm{B}\left(9,\ \dfrac{1}{2}\right)$을 따른다.

$\mathrm{P}(X\geq 2)+\mathrm{P}(Y\geq 5)=1$일 때, $\mathrm{E}(X)+\mathrm{V}(X)$의 값은?

① $\dfrac{7}{4}$ ② 2 ③ $\dfrac{9}{4}$

④ $\dfrac{5}{2}$ ⑤ $\dfrac{11}{4}$

[24908-0079] ○ △ ✕

9 확률변수 X가 정규분포
$N(5, \sigma^2)$을 따르고
$P(X \geq 1) = P(X \leq 5 + \sigma) + 0.1359$
를 만족시킬 때, 표준편차 σ의 값을
오른쪽 표준정규분포표를 이용하여
구한 것은?

z	$P(0 \leq Z \leq z)$
0.5	0.1915
1.0	0.3413
1.5	0.4332
2.0	0.4772

① $\dfrac{1}{3}$ ② $\dfrac{1}{2}$ ③ 1

④ 2   ⑤ 3

[24908-0080] ○ △ ✕

10 어느 고등학교 학생들이 학교에 등교하는 데 걸리는 시간은 모평균이 m, 모표준편차가 9인 정규분포를 따른다고 한다. 이 고등학교 학생 중 36명을 임의추출하여 구한 등교하는 데 걸리는 시간의 표본평균이 24일 때, 이를 이용하여 구한 모평균 m에 대한 신뢰도 95 %의 신뢰구간에 속하는 정수의 최댓값을 구하시오. (단, 등교하는 데 걸리는 시간의 단위는 분이고, Z가 표준정규분포를 따르는 확률변수일 때, $P(|Z| \leq 1.96) = 0.95$로 계산한다.)

09 회 미니모의고사

EBS 수능특강 **Q** 미니모의고사 **확률과 통계**

○ 알고 맞힘 ___ /10   △ 헷갈림 ___ /10   ✕ 모르고 틀림 ___ /10

[24908-0081] ○ △ ✕

1 남학생 3명, 여학생 2명, 교사 2명이 일정한 간격을 두고 원형의 탁자에 둘러앉을 때, 여학생 2명은 서로 이웃하고 교사 2명은 서로 이웃하지 않게 앉는 경우의 수는?

(단, 회전하여 일치하는 것은 같은 것으로 본다.)

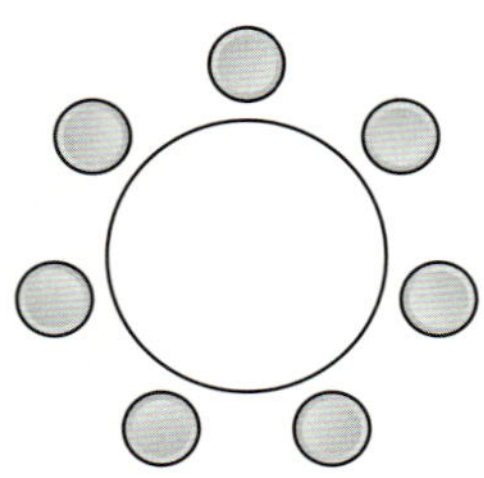

① 48　　② 72　　③ 96
④ 120　　⑤ 144

[24908-0082] ○ △ ✕

2 그림과 같이 직사각형 모양으로 연결된 도로망이 있다. 이 도로망을 따라 A지점에서 출발하여 P지점과 Q지점을 모두 지나 B지점까지 최단거리로 가는 경우의 수는?

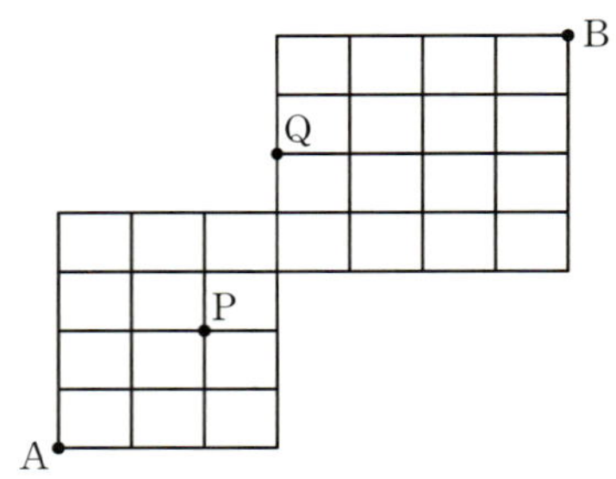

① 210　　② 240　　③ 270
④ 300　　⑤ 330

[24908-0083] ○ △ ✕

3 다항식 $(x+\sqrt[4]{2})^6$의 전개식에서 계수가 유리수인 항의 계수의 총합은?

① 31 ② 33 ③ 35

④ 37 ⑤ 39

[24908-0084] ○ △ ✕

4 숫자 1, 2, 3, 4, 5가 하나씩 적힌 5장의 카드가 있다. 이 5장의 카드를 임의로 일렬로 나열하여 만든 다섯 자리 자연수 중에서 하나를 선택할 때, 선택한 수가 홀수이면서 천의 자리의 수가 짝수인 자연수일 확률은?

만의 자리	천의 자리	백의 자리	십의 자리	일의 자리

① $\dfrac{1}{5}$ ② $\dfrac{1}{4}$ ③ $\dfrac{3}{10}$

④ $\dfrac{7}{20}$ ⑤ $\dfrac{2}{5}$

[24908-0085] ○ △ ✕

5 총 6개 팀이 참가한 어느 공연에서 악기를 연주하는 1개 팀, 춤을 추는 2개 팀, 노래하는 3개 팀이 참여하여 각 팀이 한 번씩 차례대로 공연하려고 한다. 이 6개 팀의 공연 순서를 임의로 정할 때, 다음 조건을 만족시키도록 공연 순서가 정해질 확률은?

> (가) 춤을 추는 2개 팀의 공연 순서가 이어진다.
> (나) 노래하는 3개 팀 중에서 2개 팀만 공연 순서가 이어진다.

① $\dfrac{1}{15}$ ② $\dfrac{1}{10}$ ③ $\dfrac{2}{15}$

④ $\dfrac{1}{6}$ ⑤ $\dfrac{1}{5}$

[24908-0086] ○ △ ✕

6 숫자 1, 2, 3, 4, 5가 하나씩 적혀 있는 5개의 공이 들어 있는 주머니에서 임의로 2개의 공을 동시에 꺼내어 다음 규칙에 따라 주사위를 던지는 시행을 한다.

> (가) 공에 적혀 있는 두 수의 합이 짝수이면 한 개의 주사위를 2번 던진다.
> (나) 공에 적혀 있는 두 수의 합이 홀수이면 한 개의 주사위를 3번 던진다.

이 시행을 한 번 하여 나온 모든 주사위의 눈의 수의 합이 5 이상일 확률은?

① $\dfrac{77}{90}$ ② $\dfrac{79}{90}$ ③ $\dfrac{9}{10}$

④ $\dfrac{83}{90}$ ⑤ $\dfrac{17}{18}$

고난도 [24908-0087] ○ △ ✕

7 상자 A와 상자 B에 각각 9개씩 공이 들어 있고, 상자에 들어 있지 않은 공 14개가 있다. 주사위 한 개를 사용하여 다음 시행을 7번 반복한다.

> 한 개의 주사위를 한 번 던져 4 이하의 눈이 나오면 상자 A에서 공 1개를 꺼내어 상자 B에 넣고, 5 이상의 눈이 나오면 상자에 들어 있지 않은 공 2개를 두 상자 A, B에 각각 1개씩 넣는다.

상자 B에 들어 있는 공의 개수가 7번째 시행 후 처음으로 상자 A에 들어 있는 공의 개수의 2배가 될 확률은 p이다. $3^7 \times p$의 값을 구하시오.

[24908-0088] ○ △ ✕

8 이산확률변수 X의 확률분포를 표로 나타내면 다음과 같다.

X	1	2	a	b	합계
$P(X=x)$	$\dfrac{1}{6}$	$\dfrac{1}{6}$	$\dfrac{1}{3}$	$\dfrac{1}{3}$	1

$E(X) = \dfrac{7}{2}$, $V(X) = \dfrac{43}{12}$일 때, ab의 값은?

(단, a, b는 상수이다.)

① 12 ② 15 ③ 18

④ 21 ⑤ 24

고난도 [24908-0089] ○ △ ✕

9 자연수 m에 대하여 확률변수 X가 정규분포 $N(m, 2^2)$을 따르고 확률변수 X의 확률밀도함수가 $f(x)$이다. 함수
$$g(x)=\begin{cases} f(x) & (x<4) \\ f(8-x) & (x\geq 4) \end{cases}$$
에 대하여 오른쪽 표준정규분포표를 이용하여 **보기**에서 옳은 것만을 있는 대로 고른 것은?

z	$P(0\leq Z\leq z)$
0.5	0.1915
1.0	0.3413
1.5	0.4332
2.0	0.4772

보기

ㄱ. $m=4$일 때 곡선 $y=g(x)$와 x축 및 두 직선 $x=4$, $x=6$으로 둘러싸인 부분의 넓이는 0.3413이다.

ㄴ. $m=5$일 때 곡선 $y=g(x)$와 x축 사이의 넓이는 0.6170이다.

ㄷ. 자연수 n에 대하여 방정식 $g(x)=g(n)$의 서로 다른 실근의 개수를 a_n이라 할 때, $a_4+a_5+a_6=9$이면 곡선 $y=g(x)$와 x축, y축 및 직선 $x=8$로 둘러싸인 부분의 넓이는 1.3652이다.

---

① ㄱ ② ㄷ ③ ㄱ, ㄴ

④ ㄴ, ㄷ ⑤ ㄱ, ㄴ, ㄷ

[24908-0090] ○ △ ✕

10 어느 공장에서 생산되는 부품 A 1개의 길이는 평균이 300 mm, 표준편차가 $\dfrac{5}{2}$ mm인 정규분포를 따른다고 한다. 이 공장에서 생산되는 부품 A 1개의 길이가 298.3 mm 이상이면 이 부품은 정품으로 판정한다. 이 공장에서 생산되는 부품 A 3개를 임의로 선택했을 때, 선택한 3개 중 2개가 정품일 확률을 오른쪽 표준정규분포표를 이용하여 구한 값은 $\dfrac{q}{p}$이다. $p+q$의 값을 구하시오.

(단, p와 q는 서로소인 자연수이다.)

z	$P(0\leq Z\leq z)$
0.53	0.20
0.68	0.25
0.84	0.30

10회 미니모의고사

EBS 수능특강 Q 미니모의고사 **확률과 통계**

O 알고 맞힘 　/10　 △ 헷갈림 　/10　 X 모르고 틀림 　/10

[24908-0091]　O △ X

1 서로 다른 종류의 연필 6자루를 4명의 학생 A, B, C, D 에게 남김없이 나누어 주려고 할 때, 학생 A에게는 2자루, 학 생 B에게는 1자루만 나누어 주는 경우의 수는?

(단, 연필을 하나도 받지 못하는 학생이 있을 수 있다.)

① 360　　　② 390　　　③ 420

④ 450　　　⑤ 480

고난도　[24908-0092]　O △ X

2 8개의 정수 a_1, a_2, a_3, $\cdots$, a_8에 대하여 다음 조건을 만족 시키는 모든 순서쌍 $(a_1, a_2, a_3, \cdots, a_8)$의 개수는?

> (가) $a_i(a_i-1)(a_i-2)=0$ $(i=1, 2, 3, \cdots, 8)$
> (나) $a_1+a_2+a_3+\cdots+a_8=8$

① 1079　　　② 1086　　　③ 1093

④ 1100　　　⑤ 1107

[24908-0093] ○ △ ✕

3 자연수 n에 대하여

$$\sum_{k=1}^{n} {}_{2n-1}\mathrm{C}_{k-1}=a_n, \ \sum_{k=1}^{n} {}_{2n-1}\mathrm{C}_{n+k-1}=b_n$$

이라 하자. $f(n)=\log_4(a_n b_n)$이라 할 때, $\sum_{n=1}^{10} f(2n-1)$의 값을 구하시오.

[24908-0094] ○ △ ✕

4 두 사건 A와 B가 서로 배반사건이고 $\mathrm{P}(A)+\mathrm{P}(B)=\dfrac{3}{8}$일 때, $\mathrm{P}(A^C \cap B^C)$의 값은? (단, A^C은 A의 여사건이다.)

① $\dfrac{1}{8}$ ② $\dfrac{1}{4}$ ③ $\dfrac{3}{8}$

④ $\dfrac{1}{2}$ ⑤ $\dfrac{5}{8}$

[24908-0095] ○ △ ✕

5 수직선의 원점에 점 P가 있다. 세 개의 동전을 동시에 던져서 모두 같은 면이 나오면 점 P를 양의 방향으로 1만큼 이동시키고, 모두 같은 면이 나온 경우가 아니면 점 P를 음의 방향으로 1만큼 이동시키는 시행을 한다. 이 시행을 5번 반복한 후 처음으로 점 P의 좌표가 1일 확률은 $\dfrac{q}{p}$이다. $p+q$의 값을 구하시오. (단, p와 q는 서로소인 자연수이다.)

[24908-0096] ○ △ ✕

6 1부터 5까지의 자연수가 하나씩 적혀 있는 5개의 공이 들어 있는 주머니에서 임의로 한 개의 공을 꺼내어 적혀 있는 수를 확인하고 다시 주머니에 넣는 시행을 5번 반복할 때, 확인한 5개의 수의 합이 10일 확률은?

① $\dfrac{121}{5^5}$ ② $\dfrac{126}{5^5}$ ③ $\dfrac{131}{5^5}$

④ $\dfrac{136}{5^5}$ ⑤ $\dfrac{141}{5^5}$

[24908-0097] ○ △ ✕

7 1부터 9까지의 자연수가 하나씩 적혀 있는 9개의 공이 들어 있는 주머니가 있다. 이 주머니에서 임의로 5개의 공을 동시에 꺼낼 때, 꺼낸 공에 적혀 있는 수가 홀수인 공의 개수를 확률변수 X라 하자. $\mathrm{P}(X>2)$의 값은?

① $\dfrac{4}{7}$ ② $\dfrac{17}{28}$ ③ $\dfrac{9}{14}$

④ $\dfrac{19}{28}$ ⑤ $\dfrac{5}{7}$

[24908-0098] ○ △ ✕

8 연속확률변수 X가 갖는 값의 범위는 $-2 \le X \le 3$이고, 확률변수 X의 확률밀도함수 $y=f(x)$의 그래프는 그림과 같다. $a+\mathrm{P}(|X| \le 1)$의 값은? (단, a는 양수이다.)

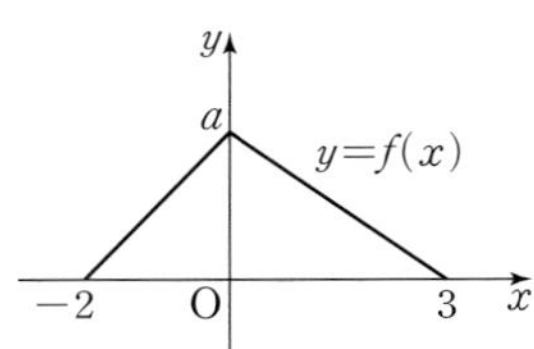

① $\dfrac{31}{30}$ ② $\dfrac{16}{15}$ ③ $\dfrac{11}{10}$

④ $\dfrac{17}{15}$ ⑤ $\dfrac{7}{6}$

[24908-0099] ○ △ ✕

9 1부터 8까지의 자연수가 하나씩 적혀 있는 8장의 카드가 들어 있는 상자가 있다. 이 상자에서 임의로 4장의 카드를 동시에 꺼내어 카드에 적혀 있는 수를 확인한 후 다시 상자에 카드를 넣는 시행을 한다. 이 시행을 490번 반복할 때, 다음 조건을 만족시키는 횟수를 확률변수 X라 하자.

> 상자에서 꺼낸 4장의 카드에 적혀 있는 수를
> a, b, c, $d\,(a<b<c<d)$라 할 때, $a+b\leq6$이다.

$P(348\leq X\leq362)$의 값을 오른쪽 표준정규분포표를 이용하여 구한 것은?

z	$P(0\leq Z\leq z)$
0.2	0.0793
0.7	0.2580
1.2	0.3849
1.7	0.4554

① 0.3373　　② 0.4642

③ 0.5347　　④ 0.6479

⑤ 0.8403

[24908-0100] ○ △ ✕

10 어느 제과점에서 만든 빵 한 개의 무게는 평균이 m이고 표준편차가 10인 정규분포를 따른다고 한다. 이 제과점에서 만든 빵 중 n개를 임의추출하여 얻은 표본평균을 $\overline{X}$라 할 때, $P(|\overline{X}-m|\leq4)\geq0.95$가 성립하도록 하는 자연수 n의 최솟값은? (단, 무게의 단위는 g이고, Z가 표준정규분포를 따르는 확률변수일 때, $P(|Z|\leq1.96)=0.95$로 계산한다.)

① 21　　　　② 23　　　　③ 25

④ 27　　　　⑤ 29

11_회 미니모의고사

EBS 수능특강 **Q** 미니모의고사 **확률과 통계**

○ 알고 맞힘 　/10　△ 헷갈림 　/10　✕ 모르고 틀림 　/10

[24908-0101] ○ △ ✕

1 원형 탁자에 5개의 의자가 일정한 간격으로 놓여 있다. 남학생 2명과 여학생 3명이 모두 5개의 의자에 앉으려고 할 때, 남학생 2명이 서로 이웃하여 앉지 않는 경우의 수는?

(단, 회전하여 일치하는 것은 같은 것으로 본다.)

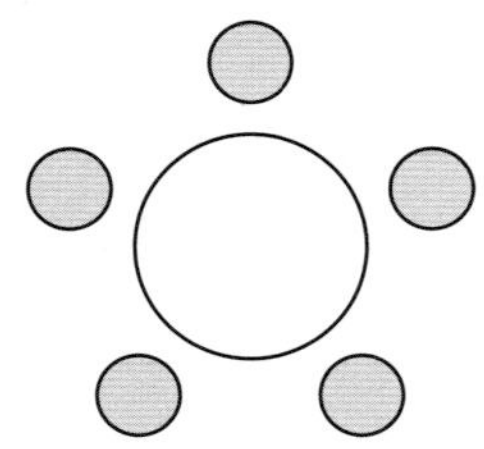

① 8 　　　② 10 　　　③ 12
④ 14 　　　⑤ 16

[24908-0102] ○ △ ✕

2 두 집합 $X=\{1, 2, 3, 4, 5\}$, $Y=\{6, 7, 8, 9\}$에 대하여
$$\{f(x)\,|\,x\in X\}=Y$$
를 만족시키는 X에서 Y로의 함수 f의 개수는?

① 240 　　　② 245 　　　③ 250
④ 255 　　　⑤ 260

[24908-0103] ○ △ ✕

3 집합 $X=\{1,\ 2,\ 3,\ 4,\ 5\}$에 대하여 다음 조건을 만족시키는 함수 $f:X\longrightarrow X$의 개수는?

> (가) 집합 X의 임의의 두 원소 a, b에 대하여 $a<b$이면 $f(a)\leq f(b)$이다.
> (나) $f(1)\neq f(3)$

① 91　　　　② 93　　　　③ 95
④ 97　　　　⑤ 99

[24908-0104] ○ △ ✕

4 숫자 2, 2, 3, 4, 4를 일렬로 나열하여 만든 모든 다섯 자리의 자연수 중에서 임의로 하나를 선택할 때, 일의 자리의 수가 소수일 확률은?

① $\dfrac{8}{15}$　　　　② $\dfrac{17}{30}$　　　　③ $\dfrac{3}{5}$

④ $\dfrac{19}{30}$　　　　⑤ $\dfrac{2}{3}$

[24908-0105] ○ △ ✕

5 집합 $X=\{1,\ 2,\ 3,\ 4\}$에서 집합 $Y=\{1,\ 2,\ 3\}$으로의 모든 함수 f 중에서 임의로 하나를 선택할 때, 선택한 함수가
$$f(1)+f(2)+f(3)>f(4)+1$$
을 만족시킬 확률은?

① $\dfrac{8}{9}$　　　　② $\dfrac{74}{81}$　　　　③ $\dfrac{76}{81}$

④ $\dfrac{26}{27}$　　　　⑤ $\dfrac{80}{81}$

[24908-0106] ○ △ ×

고난도

6 다음과 같은 [시행 1], [시행 2], [시행 3]을 순서대로 하여 그림과 같은 빈칸에 수를 적는다.

첫 번째 칸	두 번째 칸	세 번째 칸

[시행 1] 한 개의 동전을 세 번 던져서 모두 같은 면이 나오면 첫 번째 칸에 1을, 그렇지 않으면 첫 번째 칸에 2를 적는다.

[시행 2] 한 개의 주사위를 한 번 던져서 홀수의 눈이 나오면 그 눈의 수와 첫 번째 칸에 적은 수의 합을 두 번째 칸에 적고, 짝수의 눈이 나오면 그 눈의 수와 첫 번째 칸에 적은 수의 곱을 두 번째 칸에 적는다.

[시행 3] 한 개의 동전을 한 번 던져서 앞면이 나오면 첫 번째 칸과 두 번째 칸에 적은 수의 합을 세 번째 칸에 적고, 뒷면이 나오면 첫 번째 칸과 두 번째 칸에 적은 수의 차를 세 번째 칸에 적는다.

[시행 1], [시행 2], [시행 3]을 모두 마친 후 세 번째 칸에 적은 수가 7 이상일 때, 두 번째 칸에 적은 수가 홀수일 확률은?

① $\dfrac{6}{17}$ ② $\dfrac{7}{17}$ ③ $\dfrac{8}{17}$

④ $\dfrac{9}{17}$ ⑤ $\dfrac{10}{17}$

[24908-0107] ○ △ ×

7 그림과 같이 한 변의 길이가 1인 정팔각형이 있다. 정팔각형의 변 위를 움직이는 점 P는 한 개의 주사위를 던져서 3의 배수의 눈이 나오면 시곗바늘이 도는 방향으로 1만큼 이동하고 3의 배수가 아닌 눈이 나오면 시곗바늘이 도는 반대 방향으로 1만큼 이동한다. 점 A에서 출발한 점 P에 대하여 한 개의 주사위를 10번 던진 후 다시 점 A에 위치하는 사건을 S, 10번의 이동 중 적어도 한 번 점 F에 위치한 적이 있는 사건을 T라 할 때, $P(S \cap T) = \dfrac{4p}{3^9}$ 이다. p의 값을 구하시오.

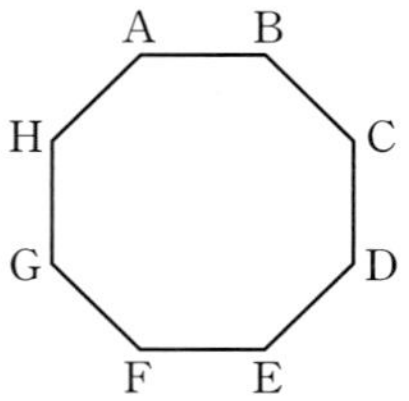

[24908-0108] ○ △ ×

8 이산확률변수 X가 갖는 값이 1, 2, 3, $\cdots$, 9이고, 양수 d와 8 이하의 모든 자연수 n에 대하여

$$P(X=n+1)-P(X=n)=d$$

를 만족시킨다. d의 값이 최대일 때, $E(X)$의 값은?

① $\dfrac{16}{3}$ ② $\dfrac{17}{3}$ ③ 6

④ $\dfrac{19}{3}$ ⑤ $\dfrac{20}{3}$

[24908-0109] ○ △ ✕

9 연속확률변수 X가 갖는 값의 범위는 $0 \le X \le 3$이고, 상수 $k\,(0 < k < 3)$에 대하여 X의 확률밀도함수의 그래프는 그림과 같다. $\mathrm{P}(1 \le X \le 3)$의 값은?

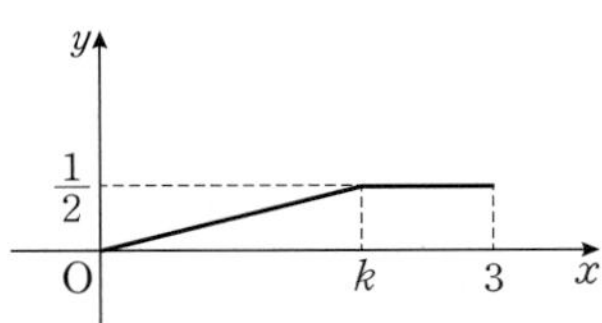

① $\dfrac{5}{8}$ ② $\dfrac{11}{16}$ ③ $\dfrac{3}{4}$

④ $\dfrac{13}{16}$ ⑤ $\dfrac{7}{8}$

고난도 [24908-0110] ○ △ ✕

10 자연수 n과 2보다 큰 상수 a에 대하여 숫자 0이 적혀 있는 카드 4장, 숫자 1이 적혀 있는 카드 2장, 숫자 2가 적혀 있는 카드 n장, 숫자 a가 적혀 있는 카드 2장이 들어 있는 상자가 있다. 이 상자에서 임의로 한 장의 카드를 꺼내어 카드에 적혀 있는 수를 확인한 후 다시 넣는다. 이와 같은 시행을 2번 반복하여 확인한 2개의 수의 평균을 확률변수 $\overline{X}$, 2개의 수의 합을 확률변수 Y라 할 때, 두 확률변수 $\overline{X}$와 Y는 다음 조건을 만족시킨다.

(가) $\mathrm{P}(\overline{X}=1) = \mathrm{P}(\overline{X}=2) + \mathrm{P}(\overline{X}=a)$

(나) $\mathrm{E}(Y) = 3$

$a \times n$의 값을 구하시오.

12 회 미니모의고사

EBS 수능특강 Q 미니모의고사 **확률과 통계**

○ 알고 맞힘 ___/10   △ 헷갈림 ___/10   ✗ 모르고 틀림 ___/10

[24908-0111] ○ △ ✗

1 그림과 같이 넓이가 9인 정사각형을 넓이가 1인 9개의 정사각형으로 나눈 도형이 있다. 9개의 정사각형에 서로 다른 9가지 색을 모두 사용하여 칠하는 경우의 수는? (단, 넓이가 1인 한 정사각형에는 한 가지 색만 칠하고, 회전하여 일치하는 것은 같은 것으로 본다.)

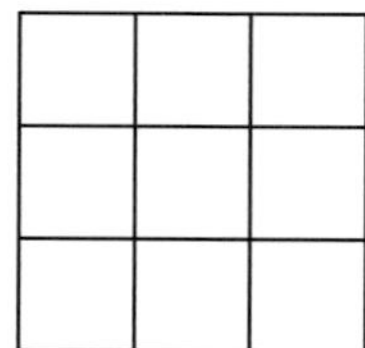

① $9!$

② $\dfrac{9!}{2}$

③ $\dfrac{9!}{3}$

④ $\dfrac{9!}{4}$

⑤ $\dfrac{9!}{5}$

[24908-0112] ○ △ ✗

2 숫자 1, 2, 3, 4, 5가 하나씩 적혀 있는 카드가 각각 3장씩 모두 15장이 있다. 이 15장의 카드 중에서 4장을 택해 일렬로 나열하여 i $(i=1, 2, 3, 4)$번째에 놓인 카드에 적혀 있는 수를 a_i라 할 때, $a_1 \le a_2 \le a_3 \le a_4$를 만족시키도록 카드를 나열하는 경우의 수는? (단, 같은 숫자가 적혀 있는 카드끼리는 서로 구별하지 않는다.)

1 1 1 2 2 2 3 3 3
4 4 4 5 5 5

① 61

② 62

③ 63

④ 64

⑤ 65

고난도   [24908-0113]   ○ △ ✕

3 다음 조건을 만족시키는 음이 아닌 정수 a, b, c, d, e, f의 모든 순서쌍 (a, b, c, d, e, f)의 개수는?

> (가) $a+b+c+d+e+f=20$
> (나) x에 대한 이차방정식 $x^2-cx+4=0$의 두 근은 a, b이다.

① 211   ② 215   ③ 219
④ 223   ⑤ 227

[24908-0114]   ○ △ ✕

4 8개의 문자 C, O, O, K, B, O, O, K가 하나씩 적힌 8장의 카드가 있다. 이 카드를 모두 한 번씩 사용하여 임의로 일렬로 나열할 때, O가 적힌 4장의 카드가 처음부터 연속하여 나열될 확률은?

① $\dfrac{1}{105}$ ② $\dfrac{1}{70}$ ③ $\dfrac{2}{105}$
④ $\dfrac{1}{42}$ ⑤ $\dfrac{1}{35}$

고난도   [24908-0115]   ○ △ ✕

5 집합 $X=\{1, 2, 3, 4\}$에 대하여 X에서 X로의 일대일대응인 모든 함수 중에서 임의로 택한 한 함수를 f라 할 때, 함수 $f \circ f$ 또는 함수 $f \circ f \circ f$가 항등함수가 될 확률은?

① $\dfrac{3}{4}$ ② $\dfrac{19}{24}$ ③ $\dfrac{5}{6}$
④ $\dfrac{7}{8}$ ⑤ $\dfrac{11}{12}$

[24908-0116] ○ △ ✕

6 한 개의 주사위를 1번 던질 때 나오는 눈의 수가 3 이하인 사건을 A, $1 \le p \le 3 < q \le 6$인 두 자연수 p, q에 대하여 나오는 눈의 수가 p 이하이거나 q 이상인 사건을 B라 하자. 두 사건 A와 B가 서로 독립이 되도록 하는 모든 순서쌍 (p, q)에 대하여 서로 다른 모든 pq의 값의 합을 구하시오.

[24908-0117] ○ △ ✕

7 1부터 9까지의 자연수가 하나씩 적혀 있는 공 9개가 들어 있는 주머니가 있다. 이 주머니에서 임의로 4개의 공을 동시에 꺼낼 때, 홀수가 적힌 공의 개수를 확률변수 X라 하자. $P(X < 3)$의 값은?

① $\dfrac{4}{7}$ ② $\dfrac{9}{14}$ ③ $\dfrac{5}{7}$

④ $\dfrac{11}{14}$ ⑤ $\dfrac{6}{7}$

[24908-0118] ○ △ ✕

8 흰 공 3개, 검은 공 2개가 들어 있는 주머니에서 임의로 공을 한 개씩 꺼내어 공의 색을 확인한다. 처음으로 검은 공이 나올 때까지 공을 꺼낸 횟수를 확률변수 X라 할 때, $E(3X+1) + V(3X+1)$의 값은?

(단, 꺼낸 공은 다시 넣지 않는다.)

① 10 ② 12 ③ 14

④ 16 ⑤ 18

[24908-0119] ○ △ ✕

9 확률변수 X가 평균이 m이고 표준편차가 σ인 정규분포를 따를 때 $F(x)=\mathrm{P}(X\leq x)$라 하자. 두 실수 a, b가

$$F(a)+F(b)=1$$
$$F(a)-F(b)=0.3830$$

을 만족시킬 때, $F(2a-b)$의 값을 오른쪽 표준정규분포표를 이용하여 구한 것은?

z	$\mathrm{P}(0\leq Z\leq z)$
0.5	0.1915
1.0	0.3413
1.5	0.4332
2.0	0.4772

① 0.6915　　② 0.8413
③ 0.8664　　④ 0.9332
⑤ 0.9772

[24908-0120] ○ △ ✕

10 정규분포 $\mathrm{N}(m,\ \sigma^2)$을 따르는 모집단에서 크기가 25인 표본을 임의추출하여 구한 표본평균을 $\overline{X}$라 하고, 정규분포 $\mathrm{N}\left(\dfrac{m}{3},\ \sigma^2\right)$을 따르는 모집단에서 크기가 25인 표본을 임의추출하여 구한 표본평균을 $\overline{Y}$라 하자.

$$\mathrm{P}(\overline{X}\geq 20)=\mathrm{P}(\overline{Y}\leq 20),\ \mathrm{P}(\overline{X}\leq m+\sigma)=\mathrm{P}(\overline{Y}\leq 12)$$

일 때, $m+\sigma$의 값을 구하시오. (단, $\sigma>0$)

13_회 미니모의고사

EBS 수능특강 Q 미니모의고사 **확률과 통계**

◯ 알고 맞힘 ___/10   △ 헷갈림 ___/10   ✕ 모르고 틀림 ___/10

[24908-0121] ◯ △ ✕

1 3학년 학생 2명과 2학년 학생 4명이 모두 일정한 간격을 두고 원형의 탁자에 둘러앉을 때, 3학년 학생 2명 사이에 2학년 학생 1명이 앉는 경우의 수는?

(단, 회전하여 일치하는 것은 같은 것으로 본다.)

① 36   ② 48   ③ 60

④ 72   ⑤ 84

[24908-0122] ◯ △ ✕

2 그림과 같이 직사각형 모양으로 연결된 도로망이 있다. 이 도로망을 따라 A지점에서 출발하여 P지점과 Q지점은 지나지 않고 B지점까지 최단거리로 이동하는 경우의 수는?

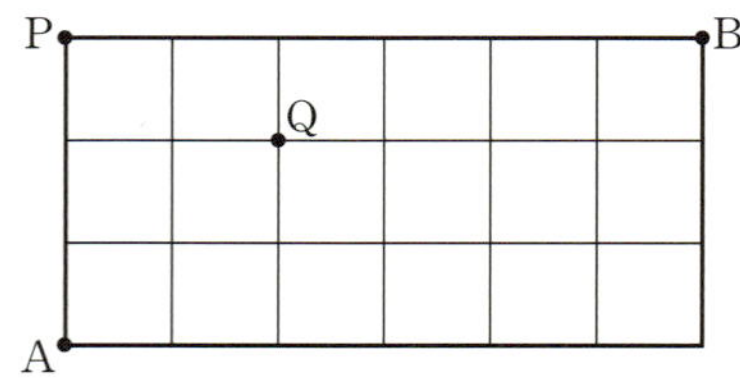

① 51   ② 53   ③ 55

④ 57   ⑤ 59

[24908-0123] ○ △ ✕

3 3 이상인 자연수 n에 대하여 다항식 $(1+2x)^n$의 전개식에서 x^2의 계수를 a, x^3의 계수를 b라 하자. $2a+b=132n$일 때, n의 값은?

① 8 　　　 ② 9 　　　 ③ 10

④ 11 　　　 ⑤ 12

[24908-0124] ○ △ ✕

4 2부터 10까지의 자연수가 하나씩 적혀 있는 9개의 공이 들어 있는 주머니가 있다. 이 주머니에서 임의로 4개의 공을 동시에 꺼낼 때, 꺼낸 4개의 공에 적힌 수 중에서 가장 작은 수가 3의 배수일 확률은?

① $\dfrac{13}{42}$ 　　　 ② $\dfrac{1}{3}$ 　　　 ③ $\dfrac{5}{14}$

④ $\dfrac{8}{21}$ 　　　 ⑤ $\dfrac{17}{42}$

[24908-0125] ○ △ ✕

5 그림과 같이 크기가 같은 9개의 원이 일렬로 놓여 있다.

○ ○ ○ ○ ○ ○ ○ ○ ○

이 원 중에서 3개는 빨간 색으로, 4개는 파란 색으로, 2개는 노란 색으로 9개의 원의 내부를 모두 임의로 칠할 때, 색칠한 그림이 좌우 대칭일 확률은 $\dfrac{q}{p}$이다. $p+q$의 값을 구하시오.

(단, p와 q는 서로소인 자연수이고, 칠하는 순서는 고려하지 않는다.)

[24908-0126] ○ △ ✕

6 두 사건 A, B에 대하여

$$\mathrm{P}(A|B)=\frac{1}{4},\ \mathrm{P}(B|A)=\frac{1}{3},\ \mathrm{P}(A\cup B)=\frac{3}{4}$$

일 때, $\mathrm{P}(A)$의 값은?

① $\dfrac{1}{8}$ ② $\dfrac{3}{16}$ ③ $\dfrac{1}{4}$

④ $\dfrac{5}{16}$ ⑤ $\dfrac{3}{8}$

고난도 [24908-0127] ○ △ ✕

7 흰 공과 검은 공이 각각 30개 이상 들어 있는 바구니와 비어 있는 주머니가 있다. 한 개의 주사위를 사용하여 다음 시행을 한다.

> 주사위를 한 번 던져
> 나온 눈의 수가 2 이하이면 바구니에 있는 흰 공 3개를 주머니에 넣고,
> 나온 눈의 수가 3 이상이면 바구니에 있는 검은 공 2개를 주머니에 넣는다.

이 시행을 7번 반복할 때, 7 이하의 자연수 n에 대하여 n번째 시행 후 주머니에 들어 있는 흰 공과 검은 공의 개수를 각각 a_n, b_n이라 하자. 처음으로 $a_k-b_k=1$을 만족시키는 k의 값이 $k=7$일 확률은 $\dfrac{p}{3^6}$이다. 자연수 p의 값을 구하시오.

[24908-0128] ○ △ ✕

8 주머니에 1부터 6까지의 자연수가 하나씩 적힌 공 6개가 들어 있다. 이 주머니에서 임의로 3개의 공을 동시에 꺼낼 때, 꺼낸 공 중에서 6의 약수가 적힌 공의 개수를 확률변수 X라 하자. $\mathrm{V}(aX-3)=4$일 때, 양수 a의 값은?

① $\sqrt{10}$ ② $2\sqrt{3}$ ③ $\sqrt{14}$

④ 4 ⑤ $3\sqrt{2}$

고난도 [24908-0129] ○ △ ×

9 A영화다운로드 사이트에서 다운로드 할 수 있는 영화 파일 1개의 크기는 평균이 1.2 GB, 표준편차가 0.2 GB인 정규분포를 따르고, B영화다운로드 사이트에서 다운로드 할 수 있는 영화 파일 1개의 크기는 평균이 1 GB, 표준편차가 0.6 GB인 정규분포를 따른다고 한다. A영화다운로드 사이트에서는 1.4 GB 이상의 파일을 다운로드 할 때만 기본요금에 추가 요금이 부과되고, B영화다운로드 사이트에서는 a GB 이상의 파일을 다운로드 할 때만 기본요금에 추가 요금이 부과된다고 한다. 재민이가 임의로 A, B 두 영화다운로드 사이트 중 한 군데에서 다운로드 한 1개의 영화 파일이 기본요금에 추가 요금이 부과된 영화 파일일 때, 이 영화 파일이 B영화다운로드 사이트에서 다운로드 한 파일일 확률이 $\dfrac{31}{47}$이다. a의 값은?

(단, Z가 표준정규분포를 따르는 확률변수일 때,
$P(0 \leq Z \leq 0.5)=0.19$, $P(0 \leq Z \leq 1)=0.34$로 계산한다.)

① 1.1 ② 1.2 ③ 1.3
④ 1.4 ⑤ 1.5

[24908-0130] ○ △ ×

10 어느 모집단의 확률변수 X의 확률분포가 다음 표와 같다.

X	-3	-1	1	3	합계
$P(X=x)$	$\dfrac{1}{6}$	$\dfrac{1}{8}$	a	b	1

이 모집단에서 임의추출한 크기가 9인 표본의 표본평균 $\overline{X}$에 대하여 $E(12\overline{X}+3)=12$일 때, $V(12\overline{X}+3)$의 값은?
(단, a, b는 상수이다.)

① 71 ② 73 ③ 75
④ 77 ⑤ 79

14회 미니모의고사

EBS 수능특강 Q 미니모의고사 **확률과 통계**

○ 알고 맞힘 [   ] /10   △ 헷갈림 [   ] /10   ✕ 모르고 틀림 [   ] /10

[24908-0131] | ○ | △ | ✕ |

1 한 개의 주사위를 네 번 던져 나온 눈의 수를 차례로 a, b, c, d라 할 때, 다음 조건을 만족시키는 모든 순서쌍 (a, b, c, d)의 개수는?

> (가) a, b, c, d의 값 중 적어도 하나는 2이다.
> (나) $a \times b \times c \times d = 24$

① 24   ② 28   ③ 32

④ 36   ⑤ 40

고난도   **[24908-0132]** | ○ | △ | ✕ |

2 다항식 $(x^2+1)^5(x^3+2)^n$의 전개식에서 x^4의 계수가 160일 때, x^6의 계수는? (단, n은 자연수이다.)

① 154   ② 164   ③ 174

④ 184   ⑤ 194

---

3 [24908-0133]

x에 대한 두 다항식 $3\{(a+x)^n-(a-x)^n\}$과 $x(a+x)^n$의 전개식에서 x^{n-1}의 계수가 서로 같게 되는 모든 순서쌍 $(n,\ a)$에 대하여 $n+a$의 최댓값을 구하시오.

(단, a는 자연수이고 n은 2 이상의 자연수이다.)

4 [24908-0134]

다섯 개의 숫자 1, 2, 2, 3, 3을 일렬로 나열하여 만든 다섯 자리 자연수 중에서 임의로 하나를 선택할 때, 이 자연수의 백의 자리의 수가 1일 확률은?

① $\dfrac{1}{6}$ ② $\dfrac{1}{5}$ ③ $\dfrac{1}{4}$

④ $\dfrac{1}{3}$ ⑤ $\dfrac{1}{2}$

5 [24908-0135]

주머니에 숫자 1, 2, 3, 4가 하나씩 적혀 있는 흰 공 4개와 숫자 5, 6, 7이 하나씩 적혀 있는 검은 공 3개가 있다. 이 주머니에서 임의로 3개의 공을 동시에 꺼내는 시행을 한다. 이 시행에서 꺼낸 공 중 홀수인 숫자가 적혀 있는 공이 2개일 때, 꺼낸 공 중 검은 공이 2개일 확률은?

① $\dfrac{2}{9}$ ② $\dfrac{5}{18}$ ③ $\dfrac{1}{3}$

④ $\dfrac{7}{18}$ ⑤ $\dfrac{4}{9}$

6 [24908-0136] ○ △ ×

어느 고등학교의 자율학습실을 이용하는 학생 70명을 대상으로 각 학년별, 일주일에 3일 이상 이용 여부를 조사한 결과는 다음과 같다.

(단위: 명)

구분	1학년	2학년	3학년	합계
일주일에 3일 이상 이용	12	a	b	50
일주일에 2일 이하 이용	c	7	d	20

이 조사에 참여한 학생 중에서 임의로 선택한 한 명이 3학년 학생이 아니면서 일주일에 3일 이상 이용하는 학생일 확률은 $\dfrac{5}{14}$ 이다. 이 조사에 참여한 학생 중에서 임의로 선택한 한 명이 일주일에 3일 이상 이용하는 학생일 때 이 학생이 3학년 학생일 확률을 p_1, 임의로 선택한 한 명이 3학년 학생일 때 이 학생이 일주일에 3일 이상 이용하는 학생일 확률을 p_2라 하면 $p_1=\dfrac{3}{5}p_2$이다. $b+c$의 값은?

① 30 ② 31 ③ 32
④ 33 ⑤ 34

7 [24908-0137] ○ △ ×

두 개의 주사위 A, B를 동시에 던져서 나오는 두 눈의 수를 각각 a, b라 할 때, ab의 양의 약수의 개수를 확률변수 X라 하자. $P(3\le X\le 4)$의 값은?

① $\dfrac{1}{6}$ ② $\dfrac{1}{4}$ ③ $\dfrac{1}{3}$
④ $\dfrac{5}{12}$ ⑤ $\dfrac{1}{2}$

8 [24908-0138] ○ △ ×

주머니에 숫자 1이 적혀 있는 공이 2개, 숫자 2가 적혀 있는 공이 1개 들어 있다. 이 주머니에서 2개의 공을 임의로 동시에 꺼내어 공에 적힌 두 수의 곱을 적은 후 다시 공을 주머니에 넣는 시행을 한다. 이 시행을 90번 반복하여 적은 90개 수의 합을 확률변수 X라 하자. $E(X)$의 값은?

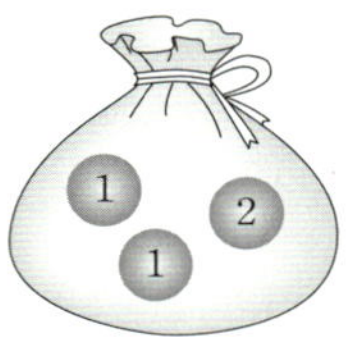

① 110 ② 120 ③ 130
④ 140 ⑤ 150

[고난도] **[24908-0139]** ◯ △ ✕

9 어느 도시에서는 공원 조성을 위하여 A, B, C, D 네 가지 계획안을 발표하였다. 이 도시의 시민을 대상으로 네 가지 공원 조성 계획안에 대한 선호도를 조사한 결과는 다음과 같다.

계획안	A	B	C	D	합계
선호도(%)	a	b	22	8	100

임의로 뽑은 600명의 시민이 각각 한 가지씩의 계획안을 선택한다고 할 때, 계획안 A, 계획안 B를 선택할 시민의 수를 각각 확률변수 X, Y라 하자.

$V\left(\dfrac{1}{3}Y\right)=14$일 때, $P(X \geq 252)$의 값을 오른쪽 표준정규분포표를 이용하여 구한 것은? (단, a, b는 상수이고, $a>b$이다.)

z	$P(0 \leq Z \leq z)$
0.5	0.1915
1.0	0.3413
1.5	0.4332
2.0	0.4772

① 0.0228 ② 0.0668 ③ 0.1587
④ 0.1915 ⑤ 0.2143

[24908-0140] ◯ △ ✕

10 모표준편차가 10인 정규분포를 따르는 모집단에서 크기가 196인 표본을 임의추출하여 구한 모평균 m에 대한 신뢰도 95 %의 신뢰구간이 $a \leq m \leq b$이다. 또 이 모집단에서 크기가 n인 표본을 임의추출하여 구한 모평균 m에 대한 신뢰도 99 %의 신뢰구간이 $c \leq m \leq d$이다. 부등식 $\dfrac{d-c}{b-a} \leq \dfrac{43}{14}$을 만족시키는 자연수 n의 최솟값을 구하시오.

(단, Z가 표준정규분포를 따르는 확률변수일 때, $P(|Z| \leq 1.96)=0.95$, $P(|Z| \leq 2.58)=0.99$로 계산한다.)

수학영역 | 확률과 통계

정답과 풀이

한눈에 보는 정답

01회 미니모의고사　　　　　　본문 4~7쪽

| 1 ④ | 2 ④ | 3 ⑤ | 4 ② | 5 ③ |
| 6 ⑤ | 7 12 | 8 ⑤ | 9 ⑤ | 10 97 |

02회 미니모의고사　　　　　　본문 8~11쪽

| 1 ⑤ | 2 ③ | 3 ② | 4 ⑤ | 5 ③ |
| 6 14 | 7 ① | 8 ③ | 9 ⑤ | 10 256 |

03회 미니모의고사　　　　　　본문 12~15쪽

| 1 ② | 2 ④ | 3 ⑤ | 4 ③ | 5 ⑤ |
| 6 ③ | 7 325 | 8 ② | 9 ③ | 10 ③ |

04회 미니모의고사　　　　　　본문 16~19쪽

| 1 ② | 2 ② | 3 ③ | 4 ③ | 5 ⑤ |
| 6 47 | 7 ⑤ | 8 ② | 9 ③ | 10 45 |

05회 미니모의고사　　　　　　본문 20~23쪽

| 1 ③ | 2 ② | 3 ③ | 4 ② | 5 ② |
| 6 ⑤ | 7 419 | 8 ④ | 9 ④ | 10 58 |

06회 미니모의고사　　　　　　본문 24~27쪽

| 1 ③ | 2 ④ | 3 8 | 4 ⑤ | 5 ③ |
| 6 ③ | 7 ⑤ | 8 ① | 9 ③ | 10 100 |

07회 미니모의고사　　　　　　본문 28~31쪽

| 1 ② | 2 ⑤ | 3 114 | 4 ⑤ | 5 ④ |
| 6 65 | 7 ③ | 8 ⑤ | 9 ② | 10 17 |

08회 미니모의고사　　　　　　본문 32~35쪽

| 1 ① | 2 ⑤ | 3 695 | 4 ⑤ | 5 ① |
| 6 ⑤ | 7 ① | 8 ③ | 9 ④ | 10 26 |

09회 미니모의고사　　　　　　본문 36~39쪽

| 1 ⑤ | 2 ③ | 3 ① | 4 ③ | 5 ⑤ |
| 6 ④ | 7 496 | 8 ③ | 9 ⑤ | 10 91 |

10회 미니모의고사　　　　　　본문 40~43쪽

| 1 ⑤ | 2 ⑤ | 3 180 | 4 ⑤ | 5 521 |
| 6 ① | 7 ③ | 8 ① | 9 ② | 10 ③ |

11회 미니모의고사　　　　　　본문 44~47쪽

| 1 ③ | 2 ① | 3 ① | 4 ③ | 5 ③ |
| 6 ① | 7 551 | 8 ⑤ | 9 ⑤ | 10 16 |

12회 미니모의고사　　　　　　본문 48~51쪽

| 1 ④ | 2 ⑤ | 3 ④ | 4 ② | 5 ① |
| 6 28 | 7 ② | 8 ④ | 9 ④ | 10 32 |

13회 미니모의고사　　　　　　본문 52~55쪽

| 1 ② | 2 ② | 3 ③ | 4 ① | 5 106 |
| 6 ⑤ | 7 80 | 8 ① | 9 ③ | 10 ① |

14회 미니모의고사　　　　　　본문 56~59쪽

| 1 ⑤ | 2 ④ | 3 14 | 4 ② | 5 ③ |
| 6 ④ | 7 ④ | 8 ⑤ | 9 ③ | 10 36 |

01회 미니모의고사

본문 4~7쪽

1 ④	**2** ④	**3** ⑤	**4** ②
5 ③	**6** ⑤	**7** 12	**8** ⑤
9 ⑤	**10** 97		

1

여학생 5명이 원형으로 앉는 경우의 수는
$$(5-1)!=4!=24$$

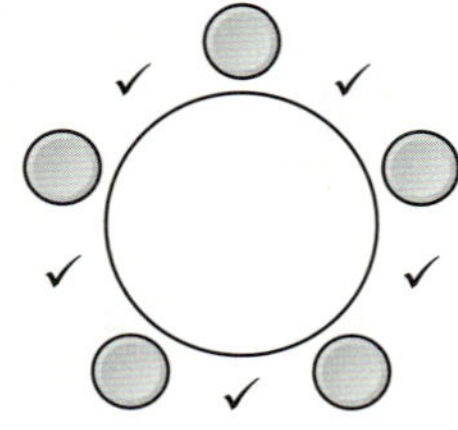

그림의 ✓ 표시된 5곳 중 2곳에 남학생 2명의 자리를 정하는 경우의 수는
$$5\times4=20$$
따라서 구하는 경우의 수는
$$24\times20=480$$

2

어떤 자연수가 짝수이려면 일의 자리의 수가 0 또는 짝수이어야 한다.
숫자 1, 2, 3 중에서 짝수인 자연수는 2뿐이므로 숫자 2를 일의 자리에 놓은 후 남은 5개의 숫자 1, 1, 2, 3, 3을 일렬로 나열하는 경우의 수는
$$\frac{5!}{2!\times2!}=30$$

3

(i) 같은 종류의 우유 5개 중 3개를 세 사람에게 각각 1개씩 나누어 주고, 남은 2개를 세 사람에게 나누어 주는 경우의 수는 서로 다른 3개에서 2개를 택하는 중복조합의 수와 같으므로
$$_3H_2={}_{3+2-1}C_2={}_4C_2=\frac{4\times3}{2\times1}=6$$

(ii) 같은 종류의 빵 10개 중 6개를 세 사람에게 각각 2개씩 나누어 주고, 남은 4개를 세 사람에게 나누어 주는 경우의 수는 서로 다른 3개에서 4개를 택하는 중복조합의 수와 같으므로
$$_3H_4={}_{3+4-1}C_4={}_6C_4={}_6C_2=\frac{6\times5}{2\times1}=15$$

(i), (ii)에서 구하는 경우의 수는
$$6\times15=90$$

4

주머니에서 2장의 카드를 동시에 꺼내는 경우의 수는
$$_7C_2=\frac{7\times6}{2\times1}=21$$

만약 카드에 적힌 두 수가 모두 짝수이면 a와 b도 모두 짝수이므로 a와 b는 서로소가 아니다. 즉, 꺼낸 두 장의 카드 중에 홀수인 15가 적힌 카드가 포함되어야 a와 b가 서로소일 수 있다.

이때 15는 3의 배수이면서 5의 배수이므로 나머지 한 장의 카드에 적힌 수가 6 또는 12이면 a와 b도 모두 3의 배수이고, 나머지 한 장의 카드에 적힌 수가 10이면 a와 b도 모두 5의 배수이므로 서로소가 아니다.

그러므로 꺼낸 2장의 카드에 적힌 수가 다음과 같은 경우에만 a와 b가 서로소인지 확인하면 된다.

카드에 적힌 수	a(두 수의 합)	b(두 수의 곱)
2, 15	17	30
4, 15	19	60
8, 15	23	120

위의 세 가지 경우 모두 a와 b는 서로소이므로 조건을 만족시키는 경우의 수는 3이다.
따라서 구하는 확률은
$$\frac{3}{21}=\frac{1}{7}$$

5

주어진 조건을 만족시키는 두 집합 A, B의 순서쌍 (A, B)의 개수를 구해 보자.

(i) $n(A\cap B)=0$인 경우
네 수 1, 2, 3, 4 중에서 집합 A의 원소가 될 수를 택하고 나머지 원소를 집합 B의 원소로 하면 된다.
이때 조건 (나)를 만족시키려면 $n(A)=3$이어야 하므로 이 경우의 수는
$$_4C_3=4$$

(ii) $n(A\cap B)=1$인 경우
네 수 1, 2, 3, 4 중에서 집합 $A\cap B$의 원소가 될 수를 1개 택하고, 나머지 세 수 중에서 집합 $A-B$의 원소가 될 수를 택한 후 나머지 원소를 집합 $B-A$의 원소로 하면 된다.
이때 조건 (나)를 만족시키려면 $n(A-B)=2$ 또는 $n(A-B)=3$이어야 하므로 이 경우의 수는
$$_4C_1\times({}_3C_2+{}_3C_3)=4\times(3+1)$$
$$=16$$

(iii) $n(A\cap B)=2$인 경우
네 수 1, 2, 3, 4 중에서 집합 $A\cap B$의 원소가 될 수를 2개 택하고, 나머지 두 수 중에서 집합 $A-B$의 원소가 될 수를 택한 후 나머지 원소를 집합 $B-A$의 원소로 하면 된다.
이때 조건 (나)를 만족시키려면 $n(A-B)=2$이어야 하므로 이 경우의 수는
$$_4C_2\times{}_2C_2=6\times1=6$$

(iv) $n(A\cap B)=3$인 경우
네 수 1, 2, 3, 4 중에서 집합 $A\cap B$의 원소가 될 수를 3개 택하고, 조건 (나)를 만족시키려면 나머지 한 수는 집합 $A-B$의 원소로 해야 하므로 이 경우의 수는
$$_4C_3=4$$

(i)~(iv)에서 조건을 만족시키는 두 집합 A, B의 순서쌍 $(A,\ B)$의 개수는

$4+16+6+4=30$

이때 두 집합 A, B가 서로소인 경우의 수는 (i)에 의하여 4이므로 구하는 확률은

$$\dfrac{4}{30}=\dfrac{2}{15}$$

6

처음 또는 마지막에 여자가 경연하게 되는 사건을 A라 하면 A^C은 남자가 처음과 마지막에 경연하게 되는 사건이다.

7명이 경연 순번을 정하는 경우의 수는 7!

남자가 처음과 마지막에 순번이 정해지는 경우의 수는 $_4\mathrm{P}_2$

이 각각에 대하여 나머지 남자 2명과 여자 3명 모두가 경연 순번을 정하는 경우의 수는 5!이므로

$$\mathrm{P}(A^C)=\dfrac{_4\mathrm{P}_2\times 5!}{7!}=\dfrac{2}{7}$$

따라서 구하는 확률은

$$\mathrm{P}(A)=1-\mathrm{P}(A^C)=1-\dfrac{2}{7}=\dfrac{5}{7}$$

7

방정식 $a+b+c=5$와 부등식 $a\leq b\leq c$를 모두 만족시키는 자연수 a, b, c는

$a=b=1$, $c=3$ 또는 $a=1$, $b=c=2$

로 순서쌍 $(a,\ b,\ c)$의 개수는 2이고,

부등식 $x+y+z\leq 7$을 만족시키는 자연수 x, y, z의 모든 순서쌍 $(x,\ y,\ z)$의 개수는

$x=x'+1$, $y=y'+1$, $z=z'+1$ (x', y', z'은 음이 아닌 정수)

로 놓으면

$(x'+1)+(y'+1)+(z'+1)\leq 7$

$x'+y'+z'\leq 4$에서

$_3\mathrm{H}_0+{}_3\mathrm{H}_1+{}_3\mathrm{H}_2+{}_3\mathrm{H}_3+{}_3\mathrm{H}_4={}_2\mathrm{C}_0+{}_3\mathrm{C}_1+{}_4\mathrm{C}_2+{}_5\mathrm{C}_3+{}_6\mathrm{C}_4=35$

이므로 갑이 순서쌍 $(a,\ b,\ c)$ 중에서 임의로 한 개를 선택하고 그 각각에 대하여 을이 순서쌍 $(x,\ y,\ z)$ 중에서 임의로 한 개를 선택하는 경우의 수는

$_2\mathrm{C}_1\times {}_{35}\mathrm{C}_1=2\times 35=70$

세 수 $a+x$, $b+y$, $c+z$가 모두 짝수인 사건을 A, $x\times y\times z$가 홀수인 사건을 B라 하면 구하는 확률은 $\mathrm{P}(B|A)$이다.

(i) $a=b=1$, $c=3$인 경우

  세 수 $a+x$, $b+y$, $c+z$가 모두 짝수이려면 x, y, z가 모두 홀수이어야 하므로 $x+y+z\leq 7$을 만족시키는 모든 순서쌍 $(x,\ y,\ z)$의 개수는

  $x=2x_1'+1$, $y=2y_1'+1$, $z=2z_1'+1$

                         (x_1', y_1', z_1'은 음이 아닌 정수)

  라 하면

  $(2x_1'+1)+(2y_1'+1)+(2z_1'+1)\leq 7$

  $2x_1'+2y_1'+2z_1'\leq 4$

$x_1'+y_1'+z_1'\leq 2$에서

$_3\mathrm{H}_0+{}_3\mathrm{H}_1+{}_3\mathrm{H}_2={}_2\mathrm{C}_0+{}_3\mathrm{C}_1+{}_4\mathrm{C}_2=10$

(ii) $a=1$, $b=c=2$인 경우

  세 수 $a+x$, $b+y$, $c+z$가 모두 짝수이려면 x는 홀수, y와 z는 짝수이어야 하므로 $x+y+z\leq 7$을 만족시키는 모든 순서쌍 $(x,\ y,\ z)$의 개수는

  $x=2x_2'+1$, $y=2y_2'+2$, $z=2z_2'+2$

                         (x_2', y_2', z_2'은 음이 아닌 정수)

  라 하면

  $(2x_2'+1)+(2y_2'+2)+(2z_2'+2)\leq 7$

  $2x_2'+2y_2'+2z_2'\leq 2$

  $x_2'+y_2'+z_2'\leq 1$에서

  $_3\mathrm{H}_0+{}_3\mathrm{H}_1={}_2\mathrm{C}_0+{}_3\mathrm{C}_1=4$

(i), (ii)에서 $\mathrm{P}(A)=\dfrac{10+4}{70}=\dfrac{1}{5}$

$x\times y\times z$가 홀수이려면 x, y, z가 모두 홀수이어야 하므로

$$\mathrm{P}(A\cap B)=\dfrac{10}{70}=\dfrac{1}{7}$$

따라서 $\mathrm{P}(B|A)=\dfrac{\mathrm{P}(A\cap B)}{\mathrm{P}(A)}=\dfrac{\ \dfrac{1}{7}\ }{\dfrac{1}{5}}=\dfrac{5}{7}$

이므로 $p=7$, $q=5$에서

$p+q=7+5=12$

8

모든 확률의 합이 1이므로

$(1-a)+a^2+a^3+a^3=1$

$2a^3+a^2-a=0$

$a(2a-1)(a+1)=0$

$a>0$이므로 $a=\dfrac{1}{2}$

즉, 이산확률변수 X의 확률분포를 표로 나타내면 다음과 같다.

X	1	2	4	8	합계
$\mathrm{P}(X=x)$	$\dfrac{1}{2}$	$\dfrac{1}{4}$	$\dfrac{1}{8}$	$\dfrac{1}{8}$	1

$\mathrm{E}(X)=1\times\dfrac{1}{2}+2\times\dfrac{1}{4}+4\times\dfrac{1}{8}+8\times\dfrac{1}{8}=\dfrac{5}{2}$

$\mathrm{E}(X^2)=1^2\times\dfrac{1}{2}+2^2\times\dfrac{1}{4}+4^2\times\dfrac{1}{8}+8^2\times\dfrac{1}{8}=\dfrac{23}{2}$

따라서 $\mathrm{V}(X)=\mathrm{E}(X^2)-\{\mathrm{E}(X)\}^2=\dfrac{23}{2}-\left(\dfrac{5}{2}\right)^2=\dfrac{21}{4}$

9

조건 (가)에서 $f(0)=f(2)=0$이고, 조건 (나)에서 $f(x)=\dfrac{1}{2}f(4-x)$ 이므로 함수 $y=f(x)$의 그래프의 $2\leq x\leq 4$인 부분은 $0\leq x\leq 2$인 부분을 y축에 대하여 대칭이동한 후 x축의 방향으로 4만큼 평행이동한 다음 함숫값을 $\dfrac{1}{2}$배 한 것이다.

따라서 확률밀도함수 $y=f(x)$의 그래프는 그림과 같다.

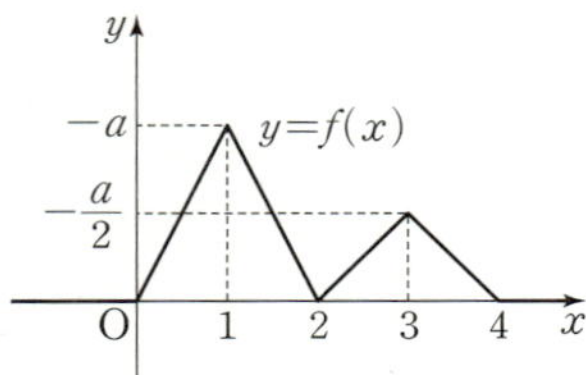

이때 확률밀도함수 $y=f(x)$의 그래프와 x축으로 둘러싸인 부분의 넓이는 1이므로

$$\frac{1}{2}\times2\times(-a)+\frac{1}{2}\times2\times\left(-\frac{a}{2}\right)=-\frac{3}{2}a=1$$에서

$$a=-\frac{2}{3}$$

따라서 $0\leq x\leq2$일 때,

$f(x)=-\frac{2}{3}|x-1|+\frac{2}{3}$이므로

$$\begin{aligned}
\mathrm{P}\left(\frac{3}{2}\leq X\leq\frac{5}{2}\right)&=\mathrm{P}\left(\frac{3}{2}\leq X\leq2\right)+\mathrm{P}\left(2\leq X\leq\frac{5}{2}\right)\\
&=\frac{1}{2}\times\frac{1}{2}\times\frac{1}{3}+\frac{1}{2}\times\frac{1}{2}\times\left(\frac{1}{2}\times\frac{1}{3}\right)\\
&=\frac{1}{12}+\frac{1}{24}\\
&=\frac{1}{8}
\end{aligned}$$

10

모표준편차가 σ인 정규분포를 따르는 모집단에서 임의추출한 크기가 9인 표본의 표본평균의 값을 $\overline{x_1}$이라 하면 모평균 m에 대한 신뢰도 99 %의 신뢰구간은

$$\overline{x_1}-2.58\times\frac{\sigma}{\sqrt{9}}\leq m\leq\overline{x_1}+2.58\times\frac{\sigma}{\sqrt{9}}$$이므로

$$b-a=2\times2.58\times\frac{\sigma}{3}$$

같은 모집단에서 임의추출한 크기가 n인 표본의 표본평균의 값을 $\overline{x_2}$라 하면 모평균 m에 대한 신뢰도 95 %의 신뢰구간은

$$\overline{x_2}-1.96\times\frac{\sigma}{\sqrt{n}}\leq m\leq\overline{x_2}+1.96\times\frac{\sigma}{\sqrt{n}}$$이므로

$$d-c=2\times1.96\times\frac{\sigma}{\sqrt{n}}$$

$b-a\geq4.3(d-c)$에서

$$2\times2.58\times\frac{\sigma}{3}\geq4.3\times2\times1.96\times\frac{\sigma}{\sqrt{n}}$$

$$\sqrt{n}\geq\frac{4.3\times1.96\times3}{2.58}=9.8$$

$$n\geq9.8^2=96.04$$

따라서 자연수 n의 최솟값은 97이다.

02 회 미니모의고사

1 ⑤	**2** ③	**3** ②	**4** ⑤
5 ③	**6** 14	**7** ①	**8** ③
9 ⑤	**10** 256		

1

(ⅰ) 일의 자리가 2인 경우

일의 자리를 제외한 나머지 4개의 자리 중에서 2가 들어갈 한 자리를 결정하는 경우의 수는

$$_4\mathrm{C}_1=4$$

위의 각각의 경우에 대하여 2가 있는 자리를 제외한 나머지 3개의 자리에는 1, 3, 4가 중복하여 들어갈 수 있으므로 나머지 3개의 자리의 숫자를 결정하는 경우의 수는

$$_3\Pi_3=3^3=27$$

따라서 조건을 만족시키는 자연수의 개수는

$$4\times27=108$$

(ⅱ) 일의 자리가 4인 경우

일의 자리를 제외한 나머지 4개의 자리 중에서 2가 들어갈 두 자리를 결정하는 수는

$$_4\mathrm{C}_2=6$$

위의 각각의 경우에 대하여 2가 있는 자리를 제외한 나머지 2개의 자리에는 1, 3, 4가 중복하여 들어갈 수 있으므로 나머지 2개의 자리의 숫자를 결정하는 경우의 수는

$$_3\Pi_2=3^2=9$$

따라서 조건을 만족시키는 자연수의 개수는

$$6\times9=54$$

(ⅰ), (ⅱ)에서 구하는 자연수의 개수는

$$108+54=162$$

2

N이 24 $(=2^3\times3)$의 배수이고 16 $(=2^4)$의 배수가 아니려면

$$N=2^3\times3\times m\,(m은 홀수)$$

이어야 한다.

따라서 다음과 같은 경우로 나누어 생각할 수 있다.

(ⅰ) 나열된 6개의 수 중 2가 3개, 나머지 3개는 홀수이고 홀수 중 적어도 한 개는 3인 경우

6개의 자리 중 2가 들어갈 3개의 자리를 정하는 경우의 수는

$$_6\mathrm{C}_3=\frac{6\times5\times4}{3\times2\times1}=20$$

이 각각에 대하여 1, 3, 5 중에서 나머지 3개의 자리에 들어갈 수를 정하는 경우의 수는

$$_3\Pi_3=3^3=27 \qquad\cdots\cdots\ ㉠$$

㉠의 경우 중에서 3이 한 개도 없는 경우의 수는

$$_2\Pi_3=2^3=8$$

따라서 이 경우의 여섯 자리의 자연수의 개수는

$20 \times (27-8) = 380$

(ii) 나열된 6개의 수 중 2가 1개, 4가 1개, 나머지 4개는 홀수이고 홀수 중 적어도 한 개는 3인 경우

6개의 자리 중 2가 들어갈 1개의 자리와 4가 들어갈 1개의 자리를 차례로 정하는 경우의 수는

$_6P_2 = 6 \times 5 = 30$

이 각각에 대하여 1, 3, 5 중에서 나머지 4개의 자리에 들어갈 수를 정하는 경우의 수는

$_3\Pi_4 = 3^4 = 81$ …… ㉡

㉡의 경우 중에서 3이 한 개도 없는 경우의 수는

$_2\Pi_4 = 2^4 = 16$

따라서 이 경우의 여섯 자리의 자연수의 개수는

$30 \times (81-16) = 1950$

(ⅰ), (ⅱ)에서 구하는 자연수의 개수는

$380 + 1950 = 2330$

3

조건 (가)에서 A 상자에 넣는 구슬의 개수를 a라 하자.

(ⅰ) $a=1$일 때

두 개의 상자 B, C에 미리 1개씩 구슬을 넣고, 나머지 7개의 구슬을 세 개의 상자 B, C, D에 나누어 넣는 구슬의 개수를 각각 b_1, c_1, d_1이라 하면

$b_1 + c_1 + d_1 = 7$ (b_1, c_1, d_1은 음이 아닌 정수)

이 방정식을 만족시키는 순서쌍 (b_1, c_1, d_1)의 개수는

$_3H_7 = {}_{3+7-1}C_7 = {}_9C_7 = 36$

(ⅱ) $a=3$일 때

두 개의 상자 B, C에 미리 1개씩 구슬을 넣고, 나머지 5개의 구슬을 세 개의 상자 B, C, D에 나누어 넣는 구슬의 개수를 각각 b_2, c_2, d_2라 하면

$b_2 + c_2 + d_2 = 5$ (b_2, c_2, d_2는 음이 아닌 정수)

이 방정식을 만족시키는 순서쌍 (b_2, c_2, d_2)의 개수는

$_3H_5 = {}_{3+5-1}C_5 = {}_7C_5 = 21$

(ⅲ) $a=5$일 때

두 개의 상자 B, C에 미리 1개씩 구슬을 넣고, 나머지 3개의 구슬을 세 개의 상자 B, C, D에 나누어 넣는 구슬의 개수를 각각 b_3, c_3, d_3이라 하면

$b_3 + c_3 + d_3 = 3$ (b_3, c_3, d_3은 음이 아닌 정수)

이 방정식을 만족시키는 순서쌍 (b_3, c_3, d_3)의 개수는

$_3H_3 = {}_{3+3-1}C_3 = {}_5C_3 = {}_5C_2 = 10$

(ⅳ) $a=7$일 때

두 개의 상자 B, C에 미리 1개씩 구슬을 넣고, 나머지 1개의 구슬을 세 개의 상자 B, C, D 중 한 상자에 넣으면 되므로 순서쌍의 개수는 3이다.

(ⅰ)~(ⅳ)에서 구하는 경우의 수는

$36 + 21 + 10 + 3 = 70$

4

두 주머니 A, B에서 각각 임의로 공을 두 개씩 동시에 꺼내는 경우의 수는

$_4C_2 \times {}_3C_2 = \dfrac{4 \times 3}{2 \times 1} \times \dfrac{3 \times 2}{2 \times 1} = 18$

주머니 A에서 꺼낸 두 개의 공에 적힌 수의 합은

3, 4, 5, 6, 7일 수 있고,

주머니 B에서 꺼낸 두 개의 공에 적힌 수의 곱은

3, 5, 15일 수 있으므로

3 또는 5일 때 서로 같다.

(ⅰ) 주머니 A에서 꺼낸 두 개의 공에 적힌 수의 합과 주머니 B에서 꺼낸 두 개의 공에 적힌 수의 곱이 모두 3인 경우

주머니 A에서 숫자 1, 2가 적혀 있는 공을 꺼내고 주머니 B에서 숫자 1, 3이 적혀 있는 공을 꺼내는 경우의 수는 $1 \times 1 = 1$

(ⅱ) 주머니 A에서 꺼낸 두 개의 공에 적힌 수의 합과 주머니 B에서 꺼낸 두 개의 공에 적힌 수의 곱이 모두 5인 경우

주머니 A에서 숫자 1, 4 또는 2, 3이 적혀 있는 공을 꺼내고 이 각각에 대하여 주머니 B에서 숫자 1, 5가 적혀 있는 공을 꺼내는 경우의 수는 $2 \times 1 = 2$

(ⅰ), (ⅱ)에서 구하는 확률은

$\dfrac{1+2}{18} = \dfrac{1}{6}$

5

같은 문자가 적혀 있는 카드는 문자 R가 적혀 있는 2장의 카드이다.

이 2장의 카드가 서로 이웃하지 않게 나열되는 사건을 A라 하면 사건 A^C은 문자 R가 적혀 있는 2장의 카드가 서로 이웃하게 나열되는 사건이다.

문자 R가 적혀 있는 2장의 카드를 서로 다른 카드로 생각하자. 6장의 카드를 일렬로 나열하는 경우의 수는 $6! = 720$

문자 R가 적혀 있는 2장의 카드를 한 묶음으로 생각하고 나머지 4장의 카드와 함께 일렬로 나열하는 경우의 수는 $5! = 120$

위의 각각의 경우에 대하여 문자 R가 적혀 있는 2장의 카드를 일렬로 나열하는 경우의 수는 $2! = 2$

이때의 경우의 수는 곱의 법칙에 의하여

$120 \times 2 = 240$

사건 A^C이 일어날 확률은 $\dfrac{240}{720} = \dfrac{1}{3}$

따라서 구하는 확률은 $1 - \dfrac{1}{3} = \dfrac{2}{3}$

6

한 개의 주사위를 한 번 던질 때 나오는 모든 경우의 수는 6

$A = \{1, 2, 3, 4\}$이므로

$P(A) = \dfrac{4}{6} = \dfrac{2}{3}$

(ⅰ) $n=1$일 때, $B = \{1, 2, 3, 4, 5, 6\}$이다.

이때 $A \cup B = \{1, 2, 3, 4, 5, 6\}$이므로

$P(A \cup B) = 1$이 되어 조건 (가)를 만족시키지 않는다.

(ii) $n=2$일 때, $B=\{2, 4, 6\}$이다.

　이때 $A\cup B=\{1, 2, 3, 4, 6\}$이므로

　$\mathrm{P}(A\cup B)=\dfrac{5}{6}$가 되어 조건 (가)를 만족시킨다.

　$A\cap B=\{2, 4\}$에서 $\mathrm{P}(A\cap B)=\dfrac{2}{6}=\dfrac{1}{3}$

　그런데 $\mathrm{P}(A)=\dfrac{2}{3}$, $\mathrm{P}(B)=\dfrac{3}{6}=\dfrac{1}{2}$에서

　$\mathrm{P}(A)\mathrm{P}(B)=\dfrac{2}{3}\times\dfrac{1}{2}=\dfrac{1}{3}=\mathrm{P}(A\cap B)$

　이므로 두 사건 A와 B는 서로 독립이 되어 조건 (나)를 만족시키지 않는다.

(iii) $n=3$일 때, $B=\{3, 6\}$이다.

　이때 $A\cup B=\{1, 2, 3, 4, 6\}$이므로

　$\mathrm{P}(A\cup B)=\dfrac{5}{6}$가 되어 조건 (가)를 만족시킨다.

　$A\cap B=\{3\}$에서 $\mathrm{P}(A\cap B)=\dfrac{1}{6}$

　그런데 $\mathrm{P}(A)=\dfrac{2}{3}$, $\mathrm{P}(B)=\dfrac{2}{6}=\dfrac{1}{3}$에서

　$\mathrm{P}(A)\mathrm{P}(B)=\dfrac{2}{3}\times\dfrac{1}{3}=\dfrac{2}{9}\neq\mathrm{P}(A\cap B)$

　이므로 두 사건 A와 B는 서로 종속이 되어 조건 (나)를 만족시킨다.

(iv) $n=4$일 때, $B=\{4\}$이다.

　이때 $A\cup B=\{1, 2, 3, 4\}$이므로

　$\mathrm{P}(A\cup B)=\dfrac{4}{6}=\dfrac{2}{3}$가 되어 조건 (가)를 만족시키지 않는다.

(v) $n=5$ 또는 $n=6$일 때,

　$n=5$이면 $B=\{5\}$, $A\cup B=\{1, 2, 3, 4, 5\}$이고,

　$n=6$이면 $B=\{6\}$, $A\cup B=\{1, 2, 3, 4, 6\}$이므로

　모두 $\mathrm{P}(A\cup B)=\dfrac{5}{6}$가 되어 조건 (가)를 만족시킨다.

　$A\cap B=\varnothing$에서 $\mathrm{P}(A\cap B)=0$

　그런데 $\mathrm{P}(A)=\dfrac{2}{3}$, $\mathrm{P}(B)=\dfrac{1}{6}$에서

　$\mathrm{P}(A\cap B)\neq\mathrm{P}(A)\mathrm{P}(B)$

　이므로 두 사건 A와 B는 서로 종속이 되어 조건 (나)를 만족시킨다.

(i)~(v)에서 조건을 만족시키는 n의 값은 3, 5, 6이므로 구하는 모든 n의 값의 합은

$3+5+6=14$

7

이산확률변수 X가 갖는 값은 1, 2, 3이므로

$\mathrm{P}(X\leq2)-\mathrm{P}(X\geq2)$

$=\{\mathrm{P}(X=1)+\mathrm{P}(X=2)\}-\{\mathrm{P}(X=2)+\mathrm{P}(X=3)\}$

$=\mathrm{P}(X=1)-\mathrm{P}(X=3)$

8개의 공이 들어 있는 주머니에서 6개의 공을 동시에 꺼내는 경우의 수는

$_8\mathrm{C}_6={_8\mathrm{C}_2}=\dfrac{8\times7}{2\times1}=28$

$\mathrm{P}(X=1)$의 값은 흰 공 1개, 검은 공 5개를 꺼낼 확률이므로

$\mathrm{P}(X=1)=\dfrac{_3\mathrm{C}_1\times{_5\mathrm{C}_5}}{28}=\dfrac{3\times1}{28}=\dfrac{3}{28}$

$\mathrm{P}(X=3)$의 값은 흰 공 3개, 검은 공 3개를 꺼낼 확률이므로

$\mathrm{P}(X=3)=\dfrac{_3\mathrm{C}_3\times{_5\mathrm{C}_3}}{28}=\dfrac{1\times10}{28}=\dfrac{5}{14}$

따라서

$\mathrm{P}(X\leq2)-\mathrm{P}(X\geq2)=\mathrm{P}(X=1)-\mathrm{P}(X=3)$

$\qquad=\dfrac{3}{28}-\dfrac{5}{14}$

$\qquad=-\dfrac{1}{4}$

8

확률의 총합이 1이므로

$\dfrac{1}{10}+\dfrac{1}{5}+a+b=1,\ a+b=\dfrac{7}{10}$ $\qquad$ …… ㉠

$\mathrm{E}(2X)=\mathrm{E}(X)+1$에서 $2\mathrm{E}(X)=\mathrm{E}(X)+1$, $\mathrm{E}(X)=1$

즉, $\mathrm{E}(X)=(-1)\times\dfrac{1}{10}+0\times\dfrac{1}{5}+1\times a+2\times b=a+2b-\dfrac{1}{10}=1$

에서

$a+2b=\dfrac{11}{10}$ $\qquad$ …… ㉡

㉠, ㉡을 연립하여 풀면 $a=\dfrac{3}{10}$, $b=\dfrac{2}{5}$

따라서 $\dfrac{a}{b}=\dfrac{3}{4}$

9

드론 A 한 개의 무게를 확률변수 X라 하면 X는 정규분포 $\mathrm{N}(480,\ 5^2)$을 따르고, $Z=\dfrac{X-480}{5}$으로 놓으면 확률변수 Z는 표준정규분포 $\mathrm{N}(0,\ 1)$을 따른다.

$\mathrm{P}(X\geq487)=\mathrm{P}\left(Z\geq\dfrac{487-480}{5}\right)=\mathrm{P}(Z\geq1.4)$

$\qquad=0.5-\mathrm{P}(0\leq Z\leq1.4)=0.5-0.42=0.08$

드론 B 한 개의 무게를 확률변수 Y라 하면 Y는 정규분포 $\mathrm{N}(320,\ \sigma^2)$을 따르고, $Z=\dfrac{Y-320}{\sigma}$으로 놓으면 확률변수 Z는 표준정규분포 $\mathrm{N}(0,\ 1)$을 따른다.

이때 $\mathrm{P}(X\geq487)=2\mathrm{P}(Y\geq330)=0.08$이므로

$\mathrm{P}(Y\geq330)=0.04$

즉,

$\mathrm{P}(Y\geq330)=\mathrm{P}\left(Z\geq\dfrac{330-320}{\sigma}\right)=\mathrm{P}\left(Z\geq\dfrac{10}{\sigma}\right)$

$\qquad=0.5-\mathrm{P}\left(0\leq Z\leq\dfrac{10}{\sigma}\right)=0.04$

이므로

$\mathrm{P}\left(0\leq Z\leq\dfrac{10}{\sigma}\right)=0.5-0.04=0.46$

이때 표준정규분포표에서 $\mathrm{P}(0\leq Z\leq1.8)=0.46$이므로

$\dfrac{10}{\sigma}=1.8=\dfrac{9}{5}$

따라서 $\sigma=\dfrac{50}{9}$

10

모표준편차가 4인 정규분포를 따르는 모집단에서 임의추출한 크기가 n인 표본의 표본평균을 $\bar{x}$라 하면 모평균 m에 대한 신뢰도 95 %의 신뢰구간은

$$\bar{x}-1.96\times\frac{4}{\sqrt{n}}\leq m\leq\bar{x}+1.96\times\frac{4}{\sqrt{n}}$$이므로

$$b-a=2\times1.96\times\frac{4}{\sqrt{n}}$$

$b-a=0.98$에서 $2\times1.96\times\dfrac{4}{\sqrt{n}}=0.98$, $\sqrt{n}=16$

따라서 $n=256$

03_회 미니모의고사

본문 12~15쪽

1 ②	**2** ④	**3** ⑤	**4** ③
5 ⑤	**6** ③	**7** 325	**8** ②
9 ③	**10** ③		

1

남학생 A와 A의 양 옆에 앉은 남학생 2명을 1명으로 생각하여 6명의 학생이 원 모양의 탁자에 둘러앉는 경우의 수는 $(6-1)!=5!=120$
위의 각각의 경우에 대하여 남학생 A의 양 옆에 앉은 남학생 두 명이 자리를 바꾸는 경우의 수는 $2!=2$
따라서 구하는 경우의 수는 $120\times2=240$

2

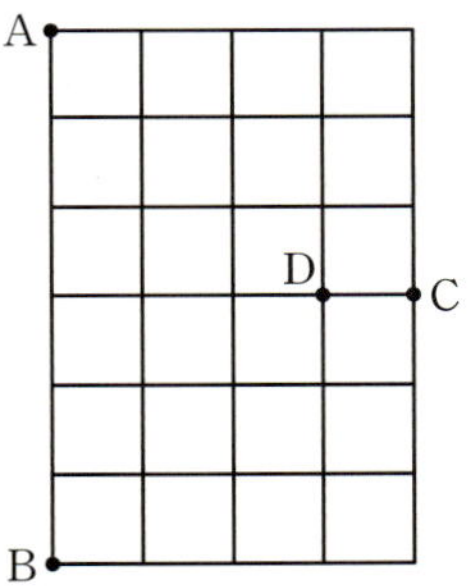

갑과 을이 C지점에서 처음으로 만나려면 동시에 D지점을 지나지 않아야 한다.
갑이 A지점에서 출발하여 C지점까지 최단 거리로 가는 경로의 수와 을이 B지점에서 출발하여 C지점까지 최단 거리로 가는 경로의 수는 각각 $\dfrac{7!}{4!3!}=35$
로 같고, 갑이 A지점에서 출발하여 D지점을 지나 C지점까지 가는 경로의 수와 을이 B지점에서 출발하여 D지점을 지나 C지점까지 가는 경로의 수는 각각 $\dfrac{6!}{3!3!}\times1=20$으로 같다.
따라서 구하는 경우의 수는
$35^2-20^2=(35+20)\times(35-20)=55\times15=825$

3

서로 다른 종류의 셔츠 4벌을 같은 종류의 3개의 옷장에 1벌 이상씩 넣으려면 1개의 옷장에는 반드시 2벌의 셔츠를 넣고 남은 2개의 옷장에는 남은 2벌의 셔츠를 각각 하나씩 넣으면 되므로 경우의 수는
$_4\mathrm{C}_2=6$
셔츠를 넣은 다음부터는 3개의 옷장은 서로 구별이 되므로 옷장을 A, B, C라 하자.
각 옷장에 바지를 1벌 이상씩 넣어야 하므로 3개의 바지를 옷장 A, B, C에 각각 하나씩 먼저 넣는다.
남은 4벌의 바지를 옷장 A, B, C에 넣는 경우의 수는 서로 다른 3개에서 중복을 허락하여 4개를 택하는 중복조합의 수와 같으므로
$_3\mathrm{H}_4=_{3+4-1}\mathrm{C}_4=_6\mathrm{C}_4=_6\mathrm{C}_2=15$
따라서 구하는 경우의 수는
$6\times15=90$

4

한 개의 주사위를 두 번 던져서 나오는 경우의 수는
$6\times6=36$
a가 b의 약수인 경우는 다음과 같다.
(ⅰ) $a=1$인 경우
　b는 1, 2, 3, 4, 5, 6 중 한 개의 값이 될 수 있으므로 경우의 수는 6
(ⅱ) $a=2$인 경우
　b는 2, 4, 6 중 한 개의 값이 될 수 있으므로 경우의 수는 3
(ⅲ) $a=3$인 경우
　b는 3, 6 중 한 개의 값이 될 수 있으므로 경우의 수는 2
(ⅳ) $a\geq4$인 경우
　$a=4$, $b=4$ 또는 $a=5$, $b=5$ 또는 $a=6$, $b=6$이므로 경우의 수는 3
(ⅰ)~(ⅳ)에서 구하는 확률은
$$\frac{6+3+2+3}{36}=\frac{7}{18}$$

5

두 개의 주사위를 동시에 던져서 나오는 모든 경우의 수는 $6\times6=36$
(ⅰ) 두 개의 주사위를 동시에 던져서 나오는 두 눈의 수가 모두 짝수인 경우
　두 눈의 수가 모두 짝수인 경우의 수는
　$3\times3=9$
　이므로 이때의 확률은
　$$\frac{9}{36}=\frac{1}{4}$$
(ⅱ) 두 개의 주사위를 동시에 던져서 나오는 두 눈의 수의 합이 7인 경우
　두 눈의 수의 합이 7인 경우를 순서쌍으로 나타내면
　$(1, 6)$, $(2, 5)$, $(3, 4)$, $(4, 3)$, $(5, 2)$, $(6, 1)$
　이므로 이때의 확률은
　$$\frac{6}{36}=\frac{1}{6}$$

두 개의 주사위를 동시에 던져서 나오는 두 눈의 수가 모두 짝수인 사건과 두 눈의 수의 합이 7인 사건은 서로 배반사건이므로 구하는 확률은 (i), (ii)에서 확률의 덧셈정리에 의하여

$$\frac{1}{4}+\frac{1}{6}=\frac{5}{12}$$

6

5장의 카드에서 2장의 카드를 동시에 선택하는 경우의 수는 $_5\mathrm{C}_2=10$

꺼낸 2장의 카드에 적혀 있는 두 수의 합이 6인 사건을 A라 하면 카드에 적혀 있는 두 수의 합이 6인 경우는 1과 5 또는 2와 4일 때이므로

$$\mathrm{P}(A)=\frac{2}{10}=\frac{1}{5}$$

꺼낸 2장의 카드에 적혀 있는 두 수의 곱이 $m\,(3\leq m\leq 20)$ 이상인 사건을 B_m이라 하자.

두 사건 A, B_m이 서로 독립이려면

$$\mathrm{P}(A\cap B_m)=\mathrm{P}(A)\mathrm{P}(B_m)$$ 이어야 하므로

$$\frac{n(A\cap B_m)}{10}=\frac{1}{5}\times\frac{n(B_m)}{10}$$ 에서

$$n(B_m)=5\times n(A\cap B_m) \qquad\qquad \cdots\cdots \text{㉠}$$

꺼낸 2장의 카드에 적혀 있는 두 수의 곱이 될 수 있는 경우를 곱이 작은 수부터 차례로 나열하면

$1\times 2=2$, $1\times 3=3$, $1\times 4=4$, $\boxed{1\times 5=5}$, $2\times 3=6$,

$\boxed{2\times 4=8}$, $2\times 5=10$, $3\times 4=12$, $3\times 5=15$, $4\times 5=20$

$$\qquad\qquad\qquad\qquad\qquad\qquad\qquad \cdots\cdots \text{㉡}$$

(i) $m=3$, 4, 5일 때

㉡에서 두 수의 곱이 3 이상인 경우는 1과 3, $\cdots$, 4와 5이므로

$$n(B_3)=9$$

같은 방법으로 $n(B_4)=8$, $n(B_5)=7$

이때 $n(A\cap B_m)=2$이므로 ㉠을 만족시키지 않는다.

(ii) $m=6$일 때

㉡에서 $n(B_6)=6$, $n(A\cap B_6)=1$이므로 ㉠을 만족시키지 않는다.

(iii) $m=7$, 8일 때

㉡에서 $n(B_m)=5$, $n(A\cap B_m)=1$이므로 ㉠을 만족시킨다.

(iv) $m=9$, 10, $\cdots$, 20일 때

㉡에서 $n(A\cap B_m)=0$이므로 ㉠을 만족시키지 않는다.

(i)~(iv)에서 $m=7$ 또는 $m=8$이므로 구하는 모든 m의 값의 합은

$$7+8=15$$

7

$a\geq 3$인 사건을 A라 하면 A는 한 개의 동전을 4번 던져서 앞면이 3번 이상 나온 경우이므로 이 확률은

$$\mathrm{P}(A)=_4\mathrm{C}_3\left(\frac{1}{2}\right)^3\left(\frac{1}{2}\right)^1+_4\mathrm{C}_4\left(\frac{1}{2}\right)^4\left(\frac{1}{2}\right)^0=(4+1)\times\left(\frac{1}{2}\right)^4=\frac{5}{2^4}$$

$b>0$, 즉 $b=1$, 2, 3, 4인 사건을 B라 하면 B는 한 개의 주사위를 4번 던져서 5 이상의 눈의 수가 1번 이상 나오는 경우이므로 이 확률은 여사건의 확률에 의하여

$$\mathrm{P}(B)=1-\mathrm{P}(B^C)=1-_4\mathrm{C}_0\left(\frac{1}{3}\right)^0\left(\frac{2}{3}\right)^4=1-\frac{16}{3^4}=\frac{65}{3^4}$$

이때 두 사건 A와 B는 서로 독립이므로 구하는 확률은

$$p=\mathrm{P}(A\cap B)=\mathrm{P}(A)\mathrm{P}(B)=\frac{5}{2^4}\times\frac{65}{3^4}=\frac{325}{6^4}$$

따라서 $6^4p=6^4\times\dfrac{325}{6^4}=325$

8

확률변수 X가 갖는 값은 0, 1, 2이다.

한 개의 주사위를 한 번 던질 때 3의 배수의 눈이 나올 확률은 $\dfrac{2}{6}=\dfrac{1}{3}$이므로 3의 배수의 눈이 연속하여 세 번 나올 확률은

$$\mathrm{P}(X=2)=\frac{1}{3}\times\frac{1}{3}\times\frac{1}{3}=\frac{1}{27}$$

3의 배수의 눈이 첫 번째와 두 번째만 나오거나 두 번째와 세 번째만 나올 확률은

$$\mathrm{P}(X=1)=\frac{1}{3}\times\frac{1}{3}\times\frac{2}{3}+\frac{2}{3}\times\frac{1}{3}\times\frac{1}{3}=\frac{4}{27}$$

따라서

$$\mathrm{P}(X=0)=1-\mathrm{P}(X=2)-\mathrm{P}(X=1)=1-\frac{1}{27}-\frac{4}{27}=\frac{22}{27}$$

이므로

$$\mathrm{E}(X)=0\times\frac{22}{27}+1\times\frac{4}{27}+2\times\frac{1}{27}=\frac{6}{27}=\frac{2}{9}$$

9

연속확률변수 X의 확률밀도함수를 $f(x)$라 하면

$$f(x)=\begin{cases} a & (-3\leq x<0) \\ \dfrac{b-a}{3}x+a & (0\leq x\leq 3) \end{cases}$$

$\mathrm{P}(-3\leq X\leq 3)=1$이므로

$$3a+\frac{1}{2}\times(a+b)\times 3=1$$ 에서 $3a+b=\frac{2}{3} \qquad \cdots\cdots \text{㉠}$

$\mathrm{P}(-3\leq X\leq 1)=\mathrm{P}(1\leq X\leq 3)$이므로

$$\mathrm{P}(1\leq X\leq 3)=\frac{1}{2}$$

$$\mathrm{P}(1\leq X\leq 3)=\frac{1}{2}\times\{f(1)+f(3)\}\times 2=\frac{1}{2}\times\left(\frac{2a+b}{3}+b\right)\times 2$$

$$=\frac{2a+4b}{3}=\frac{1}{2}$$

에서 $a+2b=\frac{3}{4} \qquad \cdots\cdots \text{㉡}$

㉠, ㉡을 연립하여 풀면 $a=\dfrac{7}{60}$, $b=\dfrac{19}{60}$

따라서

$$\mathrm{P}(0\leq X\leq 1)=\frac{1}{2}\times\{f(0)+f(1)\}\times 1=\frac{1}{2}\times\left(a+\frac{2a+b}{3}\right)$$

$$=\frac{5a+b}{6}=\frac{1}{6}\times\left(\frac{35}{60}+\frac{19}{60}\right)$$

$$=\frac{1}{6}\times\frac{9}{10}=\frac{3}{20}$$

10

이 택시 호출 앱을 이용하여 택시를 호출한 고객 중에서 임의추출한 n명의 대기 시간의 표본평균의 값이 9이므로 모평균 m에 대한 신뢰도 95 %의 신뢰구간은

$$9-1.96\times\frac{\sigma}{\sqrt{n}}\leq m\leq 9+1.96\times\frac{\sigma}{\sqrt{n}}$$

즉, $a=9-1.96\times\dfrac{\sigma}{\sqrt{n}}$, $b=9+1.96\times\dfrac{\sigma}{\sqrt{n}}$

또한 다시 임의추출한 n명의 대기 시간의 표본평균이 11.27이므로 모평균 m에 대한 신뢰도 99 %의 신뢰구간은

$$11.27-2.58\times\frac{\sigma}{\sqrt{n}}\leq m\leq 11.27+2.58\times\frac{\sigma}{\sqrt{n}}$$

즉, $b=11.27-2.58\times\dfrac{\sigma}{\sqrt{n}}$, $c=11.27+2.58\times\dfrac{\sigma}{\sqrt{n}}$

그러므로

$$b=9+1.96\times\frac{\sigma}{\sqrt{n}}=11.27-2.58\times\frac{\sigma}{\sqrt{n}}$$

$$(1.96+2.58)\times\frac{\sigma}{\sqrt{n}}=11.27-9$$

$$4.54\times\frac{\sigma}{\sqrt{n}}=2.27$$

$$\frac{\sigma}{\sqrt{n}}=\frac{1}{2}$$

따라서

$$a=9-1.96\times\frac{1}{2}=8.02$$

$$c=11.27+2.58\times\frac{1}{2}=12.56$$

이므로

$$a+c=20.58$$

04회 미니모의고사

본문 16~19쪽

1 ②	**2** ②	**3** ③	**4** ③
5 ⑤	**6** 47	**7** ⑤	**8** ②
9 ③	**10** 45		

1

a가 3의 배수이면 $f(a)$도 3의 배수이므로 $f(6)$과 $f(9)$의 값은 6 또는 9이다.

(i) $f(6)=6$인 경우

$f(9)$의 값을 정하는 경우의 수는 $_2C_1=2$

이 각각에 대하여 $f(5)$, $f(7)$, $f(8)$의 값은 모두 5이어야 하므로 $f(5)$, $f(7)$, $f(8)$의 값을 정하는 경우의 수는 $_1\Pi_3=1^3=1$

따라서 이 경우의 함수 f의 개수는

$2\times1=2$

(ii) $f(6)=9$인 경우

$f(9)$의 값을 정하는 경우의 수는 $_2C_1=2$

이 각각에 대하여 $f(5)$, $f(7)$, $f(8)$의 값은 각각 5, 6, 7, 8 중 하나이어야 하므로 $f(5)$, $f(7)$, $f(8)$의 값을 정하는 경우의 수는 $_4\Pi_3=4^3=64$

따라서 이 경우의 함수 f의 개수는 $2\times64=128$

(i), (ii)에서 구하는 함수 f의 개수는

$2+128=130$

2

$\nearrow$ 방향으로 한 칸 이동하는 것을 a, $\searrow$ 방향으로 한 칸 이동하는 것을 b라 하자.

(i) 구간 PQ를 거쳐서 이동하는 경우

A지점에서 P지점까지 최단거리로 이동하는 경우의 수는 3개의 문자 a, a, b를 일렬로 나열하는 경우의 수와 같고, Q지점에서 B지점까지 최단거리로 이동하는 경우의 수는 4개의 문자 a, a, b, b를 일렬로 나열하는 경우의 수와 같으므로

$$\frac{3!}{2!}\times\frac{4!}{2!\times2!}=18$$

(ii) 구간 QR를 거쳐서 이동하는 경우

A지점에서 Q지점까지 최단거리로 이동하는 경우의 수는 4개의 문자 a, a, b, b를 일렬로 나열하는 경우의 수와 같고, R지점에서 B지점까지 최단거리로 이동하는 경우의 수는 3개의 문자 a, b, b를 일렬로 나열하는 경우의 수와 같으므로

$$\frac{4!}{2!\times2!}\times\frac{3!}{2!}=18$$

(iii) 구간 PQ와 구간 QR를 모두 거쳐서 이동하는 경우

A지점에서 P지점까지 최단거리로 이동하는 경우의 수는 3개의 문자 a, a, b를 일렬로 나열하는 경우의 수와 같고, R지점에서 B지점까지 최단거리로 이동하는 경우의 수는 3개의 문자 a, b, b를 일렬로 나열하는 경우의 수와 같으므로

$$\frac{3!}{2!}\times\frac{3!}{2!}=9$$

(i), (ii), (iii)에서 구하는 경우의 수는

$18+18-9=27$

3

집합 X의 원소 중 짝수의 개수가 8인 경우

집합 U의 짝수인 원소 15개 중에서 8개를 택하는 경우의 수는

$_{15}C_8$

또 집합 U의 홀수인 원소 15개 중에서 7개 이하의 홀수를 택하는 경우의 수는

$$_{15}C_0+_{15}C_1+_{15}C_2+\cdots+_{15}C_7=\frac{1}{2}\times(_{15}C_0+_{15}C_1+_{15}C_2+\cdots+_{15}C_{15})$$
$$=\frac{1}{2}\times2^{15}$$
$$=2^{14}$$

즉, 짝수 8개를 원소로 갖는 집합 X의 개수는 $_{15}C_8\times2^{14}$

같은 방법으로 짝수 9개를 원소로 갖는 집합 X의 개수는 $_{15}C_9\times2^{14}$

같은 방법으로 짝수 10개를 원소로 갖는 집합 X의 개수는 $_{15}C_{10}\times2^{14}$

$\vdots$

같은 방법으로 짝수 15개를 원소로 갖는 집합 X의 개수는 $_{15}C_{15}\times2^{14}$

따라서 구하는 모든 집합 X의 개수는

$$_{15}C_8\times2^{14}+_{15}C_9\times2^{14}+_{15}C_{10}\times2^{14}+\cdots+_{15}C_{15}\times2^{14}$$
$$=(_{15}C_8+_{15}C_9+_{15}C_{10}+\cdots+_{15}C_{15})\times2^{14}$$
$$=\left\{\frac{1}{2}\times(_{15}C_0+_{15}C_1+_{15}C_2+\cdots+_{15}C_{15})\right\}\times2^{14}$$
$$=\left(\frac{1}{2}\times2^{15}\right)\times2^{14}=2^{14}\times2^{14}=2^{28}$$

4

방정식 $a+b+c+d=5$를 만족시키는 음이 아닌 정수 a, b, c, d의 모든 순서쌍 (a, b, c, d)의 개수는

$$_4\text{H}_5 = {}_8\text{C}_5 = {}_8\text{C}_3 = \frac{8 \times 7 \times 6}{3 \times 2 \times 1} = 56$$

$ab=0$에서 $a=0$ 또는 $b=0$이다.

(i) $a=0$인 경우

　$a=0$일 때 방정식 $a+b+c+d=5$를 만족시키는 음이 아닌 정수 a, b, c, d의 모든 순서쌍 (a, b, c, d)의 개수는 방정식 $b+c+d=5$를 만족시키는 음이 아닌 정수 b, c, d의 모든 순서쌍 (b, c, d)의 개수와 같으므로

$$_3\text{H}_5 = {}_7\text{C}_5 = {}_7\text{C}_2 = \frac{7 \times 6}{2 \times 1} = 21$$

　즉, 이때의 확률은 $\dfrac{21}{56} = \dfrac{3}{8}$

(ii) $b=0$인 경우

　(i)과 마찬가지로 이때의 확률은 $\dfrac{3}{8}$

(iii) $a=b=0$인 경우

　$a=b=0$일 때 방정식 $a+b+c+d=5$를 만족시키는 음이 아닌 정수 a, b, c, d의 모든 순서쌍 (a, b, c, d)의 개수는 방정식 $c+d=5$를 만족시키는 음이 아닌 정수 c, d의 모든 순서쌍 (c, d)의 개수와 같으므로

$$_2\text{H}_5 = {}_6\text{C}_5 = {}_6\text{C}_1 = 6$$

　즉, 이때의 확률은 $\dfrac{6}{56} = \dfrac{3}{28}$

(i), (ii), (iii)에서 구하는 확률은 확률의 덧셈정리에 의하여

$$\frac{3}{8} + \frac{3}{8} - \frac{3}{28} = \frac{9}{14}$$

5

그림과 같이 변 AB 위의 4개의 점에 각각 1, 2, 3, 4의 번호를 매기고, 변 CD 위의 5개의 점에 각각 5, 6, 7, 8, 9의 번호를 매기자.

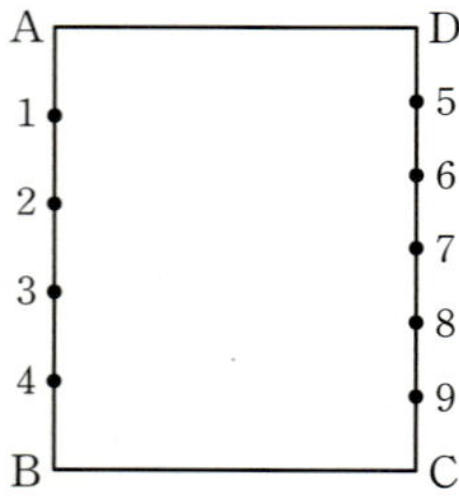

두 집합 $X=\{1, 2, 3, 4\}$, $Y=\{5, 6, 7, 8, 9\}$라 하면 변 CD 위의 5개의 점 중에서 서로 다른 4개의 점을 임의로 택하여 변 AB 위의 네 점과 일대일로 이어서 임의로 4개의 선분을 그리는 경우의 수는 집합 X에서 집합 Y로의 일대일함수의 개수와 같다.

이때 집합 X에서 집합 Y로의 일대일함수를 f라 하면 함수 f의 개수는

$$_5\text{P}_4 = 5 \times 4 \times 3 \times 2 = 120$$

주어진 시행에서 네 선분에 의하여 생기는 교점의 개수가 0인 사건을 E, 1인 사건을 F라 하면 구하는 확률은

$\text{P}((E \cup F)^c)$이다.

(i) 네 선분에 의하여 생기는 교점의 개수가 0인 경우는 함수 f가

$$f(1) < f(2) < f(3) < f(4)$$

　를 만족시키는 경우이므로 이 경우의 수는 $_5\text{C}_4 = {}_5\text{C}_1 = 5$

　그러므로 $\text{P}(E) = \dfrac{5}{120} = \dfrac{1}{24}$

(ii) 네 선분에 의하여 생기는 교점의 개수가 1인 경우는 다음과 같이 나누어 생각할 수 있다.

　㉠ $f(2) < f(1) < f(3) < f(4)$인 경우

　　$f(1)=6$, $f(2)=5$인 경우 $f(3)$, $f(4)$의 값을 택하는 경우의 수는 $_3\text{C}_2 = 3$

　　$f(1)=7$, $f(2)=5$ 또는 $f(1)=7$, $f(2)=6$인 경우 $f(3)=8$, $f(4)=9$이어야 하므로 경우의 수는 $2 \times 1 = 2$

　　그러므로 이 경우의 수는 $3+2=5$

　㉡ $f(1) < f(3) < f(2) < f(4)$인 경우

　　$f(2)=7$, $f(3)=6$인 경우 $f(1)=5$이고 $f(4)$의 값을 택하는 경우의 수는 $_2\text{C}_1 = 2$

　　$f(2)=8$, $f(3)=6$인 경우 $f(1)=5$, $f(4)=9$이어야 하므로 경우의 수는 1

　　$f(2)=8$, $f(3)=7$인 경우 $f(4)=9$이고 $f(1)$의 값을 택하는 경우의 수는 $_2\text{C}_1 = 2$

　　그러므로 이 경우의 수는 $2+1+2=5$

　㉢ $f(1) < f(2) < f(4) < f(3)$인 경우

　　$f(3)=9$, $f(4)=8$인 경우 $f(1)$, $f(2)$의 값을 택하는 경우의 수는 $_3\text{C}_2 = 3$

　　$f(3)=9$, $f(4)=7$ 또는 $f(3)=8$, $f(4)=7$인 경우 $f(1)=5$, $f(2)=6$이어야 하므로 경우의 수는 $2 \times 1 = 2$

　　그러므로 이 경우의 수는 $3+2=5$

　㉣ $f(3) < f(2) < f(1) < f(4)$인 경우

　　이 경우 $f(1)=7$, $f(2)=6$, $f(3)=5$ 또는 $f(1)=8$, $f(2)=7$, $f(3)=6$이면 세 선분이 한 점에서 만난다.

　　이때 $f(4)$의 값을 택하는 경우의 수는 각각 2, 1이므로 이 경우의 수는 $2+1=3$

　㉤ $f(1) < f(4) < f(3) < f(2)$인 경우

　　이 경우 $f(2)=9$, $f(3)=8$, $f(4)=7$ 또는 $f(2)=8$, $f(3)=7$, $f(4)=6$이면 세 선분이 한 점에서 만난다.

　　이때 $f(1)$의 값을 택하는 경우의 수는 각각 2, 1이므로 이 경우의 수는 $2+1=3$

　㉥ $f(4) < f(3) < f(2) < f(1)$인 경우

　　이 경우 $f(1)=8$, $f(2)=7$, $f(3)=6$, $f(4)=5$ 또는 $f(1)=9$, $f(2)=8$, $f(3)=7$, $f(4)=6$이면 네 선분이 한 점에서 만난다.

　　그러므로 이 경우의 수는 2

　㉠ ~ ㉥에 의하여 네 선분에 의하여 생기는 교점의 개수가 1인 경우의 수는 $5+5+5+3+3+2=23$

　그러므로 $\text{P}(F) = \dfrac{23}{120}$

(i), (ii)에 의하여 두 사건 E, F는 서로 배반사건이므로 확률의 덧셈정리에 의하여

$$\text{P}(E \cup F) = \text{P}(E) + \text{P}(F) = \frac{1}{24} + \frac{23}{120} = \frac{7}{30}$$

따라서 구하는 확률은

$$P((E \cup F)^C) = 1 - P(E \cup F) = 1 - \frac{7}{30} = \frac{23}{30}$$

6

승진이와 여학생 3명이 대표 학생으로 선출되는 경우는 다음과 같은 2가지가 있다.

(ⅰ) 여학생 3명이 먼저 선출되는 경우

남학생 12명 중 승진이가 선출되어야 하므로 구하는 확률은

$$\frac{_{11}C_3}{_{23}C_3} \times \frac{1}{_{12}C_1} = \frac{5}{644}$$

(ⅱ) 승진이와 여학생 2명이 먼저 선출되는 경우

나머지 20명 중 여학생 1명이 선출되어야 하므로 구하는 확률은

$$\frac{1 \times {_{11}C_2}}{_{23}C_3} \times \frac{_9C_1}{_{20}C_1} = \frac{9}{644}$$

(ⅰ), (ⅱ)에서 구하는 확률은

$$\frac{5}{644} + \frac{9}{644} = \frac{1}{46}$$

따라서 $p=46$, $q=1$이므로

$$p+q = 46+1 = 47$$

7

확률의 총합이 1이므로

$$P(X=1) + P(X=2) + P(X=3) + P(X=4)$$
$$= \frac{a}{20} + \frac{2a}{20} + \frac{3a}{20} + \frac{4a}{20}$$
$$= \frac{a}{2} = 1$$

그러므로 $a=2$

따라서

$$a \times P(X \geq 2) = 2 \times \{1 - P(X=1)\} = 2 \times \left(1 - \frac{1}{10}\right) = \frac{9}{5}$$

8

한 개의 주사위를 45번 던질 때 4 이하의 눈이 나오는 횟수를 확률변수 X라 하자.

한 개의 주사위를 한 번 던질 때 4 이하의 눈이 나올 확률은

$$\frac{4}{6} = \frac{2}{3}$$

따라서 확률변수 X는 이항분포 $B\left(45, \frac{2}{3}\right)$를 따르므로

$$E(X) = 45 \times \frac{2}{3} = 30$$

4 이하의 눈이 X번 나오면 5 이상의 눈은 $(45-X)$번 나오므로 점 P의 좌표 (x, y)에 대하여

$$x = 2 \times X + (-1) \times (45-X) = 3X - 45$$
$$y = 1 \times X = X$$

따라서

$$x+y = (3X-45) + X = 4X - 45$$

이므로 $x+y$의 값의 기댓값은

$$E(4X-45) = 4E(X) - 45 = 4 \times 30 - 45 = 75$$

9

이 공장에서 생산한 비누 제품 한 개의 무게를 확률변수 X라 하면 X는 정규분포 $N(176, 2^2)$을 따르므로 $Z = \frac{X-176}{2}$이라 하면 확률변수 Z는 표준정규분포 $N(0, 1)$을 따른다.

한 개의 비누 제품이 정품으로 인정될 확률이 0.9332이므로

$$P(X \geq a) = P\left(Z \geq \frac{a-176}{2}\right) = P\left(Z \leq \frac{176-a}{2}\right)$$

이때 $P(X \geq a) = 0.9332 > 0.5$이므로 $\frac{176-a}{2} > 0$

즉,

$$P\left(Z \leq \frac{176-a}{2}\right) = P(Z \leq 0) + P\left(0 \leq Z \leq \frac{176-a}{2}\right)$$
$$= 0.5 + P\left(0 \leq Z \leq \frac{176-a}{2}\right)$$

이므로

$$P\left(0 \leq Z \leq \frac{176-a}{2}\right) = 0.9332 - 0.5 = 0.4332$$

$P(0 \leq Z \leq 1.5) = 0.4332$이므로 $\frac{176-a}{2} = 1.5$

따라서 $a = 176 - 3 = 173$

10

이 모집단에서 임의추출한 크기가 100인 표본평균의 값을 $\overline{x_1}$이라 하면 모평균 m에 대한 신뢰도 95 %의 신뢰구간은

$$\overline{x_1} - 1.96 \times \frac{10}{\sqrt{100}} \leq m \leq \overline{x_1} + 1.96 \times \frac{10}{\sqrt{100}}$$

$\overline{x_1} - 1.96 \leq m \leq \overline{x_1} + 1.96$이므로 $a = \overline{x_1} - 1.96$, $b = \overline{x_1} + 1.96$

즉, $b - a = (\overline{x_1} + 1.96) - (\overline{x_1} - 1.96) = 2 \times 1.96$

또한 이 모집단에서 임의추출한 크기가 n인 표본평균의 값을 $\overline{x_2}$라 하면 모평균 m에 대한 신뢰도 95 %의 신뢰구간은

$$\overline{x_2} - 1.96 \times \frac{10}{\sqrt{n}} \leq m \leq \overline{x_2} + 1.96 \times \frac{10}{\sqrt{n}}$$이므로

$$c = \overline{x_2} - 1.96 \times \frac{10}{\sqrt{n}}, \quad d = \overline{x_2} + 1.96 \times \frac{10}{\sqrt{n}}$$

즉,

$$d - c = \left(\overline{x_2} + 1.96 \times \frac{10}{\sqrt{n}}\right) - \left(\overline{x_2} - 1.96 \times \frac{10}{\sqrt{n}}\right)$$
$$= 2 \times 1.96 \times \frac{10}{\sqrt{n}}$$

이므로 $b - a \geq \frac{2}{3}(d-c)$에서

$$2 \times 1.96 \geq \frac{2}{3} \times 2 \times 1.96 \times \frac{10}{\sqrt{n}}, \quad \sqrt{n} \geq \frac{20}{3}$$

따라서 $n \geq \frac{400}{9} = 44.4 \cdots$이므로 자연수 n의 최솟값은 45이다.

05회 미니모의고사

1 ③	**2** ②	**3** ③	**4** ②
5 ②	**6** ⑤	**7** 419	**8** ④
9 ④	**10** 58		

1

서로 다른 5가지 색 중에서 도형의 가운데에 있는 영역에 칠할 1가지 색을 택하는 경우의 수는
$$_5\mathrm{C}_1=5$$
이 각각에 대하여 나머지 4가지 색으로 4개의 사분원을 칠하는 경우의 수는
$$(4-1)!=3!=6$$
따라서 구하는 경우의 수는
$$5\times6=30$$

2

야구공, 테니스공, 탁구공을 각각 문자 a, b, c라 하자.
7개의 공 중에서 5개의 공을 택하여 5명의 학생에게 각각 1개씩 공을 나누어 주는 경우의 수는 7개의 문자 a, a, b, b, c, c, c 중에서 문자 5개를 택하여 일렬로 나열하는 경우의 수와 같다.
7개의 문자 a, a, b, b, c, c, c 중에서 문자 5개를 택하는 경우는
$$aabbc,\ aabcc,\ abbcc,\ aaccc,\ bbccc,\ abccc$$
로 6가지이다.
이들에 대하여 문자를 일렬로 나열하는 경우의 수는 각각
$$\frac{5!}{2!\times2!},\ \frac{5!}{2!\times2!},\ \frac{5!}{2!\times2!},\ \frac{5!}{2!\times3!},\ \frac{5!}{2!\times3!},\ \frac{5!}{3!}$$
이므로 구하는 경우의 수는
$$30+30+30+10+10+20=130$$

3

$$a\ \blacksquare\ b\ \blacksquare\ c\ \blacksquare\ d$$
그림과 같이 빨간색 카드 3장을 놓고,
빨간색 카드 가장 왼쪽, 두 카드의 사이, 빨간색 카드 가장 오른쪽에 놓이는 파란색 카드의 개수를 각각 a, b, c, d라 하자.
$a+b+c+d=7$이고,
조건을 만족시키도록 나열하려면
a, b, c는 모두 0 또는 짝수이어야 하고, d는 홀수이어야 한다.
음이 아닌 네 정수 a', b', c', d'에 대하여
$a=2a'$, $b=2b'$, $c=2c'$, $d=2d'+1$로 놓으면
$$2a'+2b'+2c'+(2d'+1)=7$$
$$a'+b'+c'+d'=3$$
따라서 구하는 경우의 수는
방정식 $a'+b'+c'+d'=3$을 만족시키는 음이 아닌 정수 a', b', c', d'의 모든 순서쌍 $(a',\ b',\ c',\ d')$의 개수와 같으므로
$$_4\mathrm{H}_3={}_{4+3-1}\mathrm{C}_3={}_6\mathrm{C}_3=20$$

4

두 수 a, b를 선택하는 모든 경우의 수는 곱의 법칙에 의하여
$$4\times15=60$$
a의 값을 기준으로 사건을 나누어 구하자.
(i) $a=2$인 경우

6 이상 20 이하의 자연수 b에 대하여 $\dfrac{b}{2}$의 값 중에서 자연수는

3, 4, 5, 6, 7, 8, 9, 10

이고 이 중 2와 서로소인 자연수는 3, 5, 7, 9로 개수는 4이다.

(ii) $a=3$인 경우

6 이상 20 이하의 자연수 b에 대하여 $\dfrac{b}{3}$의 값 중에서 자연수는

2, 3, 4, 5, 6

이고 이 중 3과 서로소인 자연수는 2, 4, 5로 개수는 3이다.

(iii) $a=4$인 경우

6 이상 20 이하의 자연수 b에 대하여 $\dfrac{b}{4}$의 값 중에서 자연수는

2, 3, 4, 5

이고 이 중 4와 서로소인 자연수는 3, 5로 개수는 2이다.

(iv) $a=5$인 경우

6 이상 20 이하의 자연수 b에 대하여 $\dfrac{b}{5}$의 값 중에서 자연수는

2, 3, 4

이고 이 중 5와 서로소인 자연수는 2, 3, 4로 개수는 3이다.

(i)~(iv)에서 조건을 만족시키도록 두 수 a, b를 선택하는 경우의 수는 합의 법칙에 의하여 $4+3+2+3=12$
따라서 구하는 확률은 $\dfrac{12}{60}=\dfrac{1}{5}$

5

한 개의 주사위를 두 번 던질 때 나오는 모든 경우의 수는 $6\times6=36$
두 조건 p, q의 진리집합을 각각 P, Q라 할 때, 조건 p가 조건 q이기 위한 충분조건이 되려면 $P\subset Q$이어야 한다.
이때 $P=\{a\}$
조건 q에서 $x^2-(2+b)x+2b\le0$, $(x-2)(x-b)\le0$이므로
(i) $b=1$일 때, $Q=\{x\,|\,1\le x\le2\}$
　이 경우에서 $P\subset Q$이도록 하는 a, b의 순서쌍 $(a,\ b)$는 $(1,\ 1)$, $(2,\ 1)$
(ii) $b=2$일 때, $Q=\{2\}$
　이 경우에서 $P\subset Q$이도록 하는 a, b의 순서쌍 $(a,\ b)$는 $(2,\ 2)$
(iii) $b=3,\ 4,\ 5,\ 6$일 때, $Q=\{x\,|\,2\le x\le b\}$
　이 경우에서 $P\subset Q$이도록 하는 a, b의 순서쌍 $(a,\ b)$는
　$(2,\ 3),\ (3,\ 3)$
　$(2,\ 4),\ (3,\ 4),\ (4,\ 4)$
　$(2,\ 5),\ (3,\ 5),\ (4,\ 5),\ (5,\ 5)$
　$(2,\ 6),\ (3,\ 6),\ (4,\ 6),\ (5,\ 6),\ (6,\ 6)$
(i), (ii), (iii)에서 $P\subset Q$이도록 하는 a, b의 순서쌍 $(a,\ b)$의 개수는
$$2+1+14=17$$
따라서 구하는 확률은 $\dfrac{17}{36}$

6

이 학교 학생 중에서 임의로 선택한 1명이 여학생인 사건을 F, 디자인 A를 선택한 학생인 사건을 A라 하면

$$P(F)=\frac{80}{200}=\frac{2}{5},\ P(A)=\frac{160}{200}=\frac{4}{5}$$

두 사건 F와 A가 서로 독립이므로

$P(F\cap A)=P(F)P(A)$에서

$$P(F\cap A)=\frac{2}{5}\times\frac{4}{5}=\frac{8}{25}$$

$P(A)=P(F\cap A)+P(F^{C}\cap A)$이므로

$$P(F^{C}\cap A)=\frac{4}{5}-\frac{8}{25}=\frac{12}{25}$$

따라서 이 학교 학생 중에서 임의로 선택한 1명이 남학생일 때, 이 학생이 디자인 A를 선택한 학생일 확률은

$$P(A\,|\,F^{C})=\frac{P(F^{C}\cap A)}{P(F^{C})}=\frac{P(F^{C}\cap A)}{1-P(F)}$$

$$=\frac{\frac{12}{25}}{1-\frac{2}{5}}=\frac{12}{15}=\frac{4}{5}$$

7

(i) $n=2$일 때

$P(A)=\frac{1}{2},\ P(B)=1,\ P(A\cap B)=\frac{1}{2}$에서

$P(A)P(B)=P(A\cap B)$이므로 두 사건 A와 B는 서로 독립이다.

(ii) $n=3$일 때

$P(A)=\frac{1}{3},\ P(B)=1,\ P(A\cap B)=\frac{1}{3}$에서

$P(A)P(B)=P(A\cap B)$이므로 두 사건 A와 B는 서로 독립이다.

(iii) $n=4$일 때

$P(A)=\frac{1}{2},\ P(B)=\frac{3}{4},\ P(A\cap B)=\frac{1}{4}$에서

$P(A)P(B)\neq P(A\cap B)$이므로 두 사건 A와 B는 서로 독립이 아니다.

(iv) $n=5$일 때

$P(A)=\frac{2}{5},\ P(B)=\frac{3}{5},\ P(A\cap B)=\frac{1}{5}$에서

$P(A)P(B)\neq P(A\cap B)$이므로 두 사건 A와 B는 서로 독립이 아니다.

(v) n이 6 이상의 짝수일 때

$P(A)=\frac{1}{2},\ P(B)=\frac{4}{n},\ P(A\cap B)=\frac{2}{n}$에서

$P(A)P(B)=P(A\cap B)$이므로 두 사건 A와 B는 서로 독립이다.

(vi) n이 6 이상의 홀수일 때

$P(A)=\frac{n-1}{2n},\ P(B)=\frac{4}{n},\ P(A\cap B)=\frac{2}{n}$에서

$P(A)P(B)=P(A\cap B)$를 만족시키는 n의 값은 없으므로 두 사건 A와 B는 서로 독립이 아니다.

(i)~(vi)에서 조건을 만족시키는 n의 값은 2, 3, 6, 8, 10, $\cdots$이므로

$a_1=2,\ a_2=3$이고 $a_k=2k\ (k\geq3)$

따라서 $\displaystyle\sum_{k=1}^{20}a_k=\sum_{k=1}^{20}2k-1=20\times21-1=419$

8

확률의 총합이 1이므로 $\frac{1}{6}+\frac{1}{3}+a=1,\ a=\frac{1}{2}$

그러므로 확률변수 X의 확률분포를 표로 나타내면 다음과 같다.

X	1	2	3	합계
$P(X=x)$	$\frac{1}{6}$	$\frac{1}{3}$	$\frac{1}{2}$	1

따라서 $E(X)=1\times\frac{1}{6}+2\times\frac{1}{3}+3\times\frac{1}{2}=\frac{14}{6}=\frac{7}{3}$

9

조건 (가)에서 함수 $f(x)$는 $x=20$에서 최댓값을 가지므로 정규분포를 따르는 확률변수 X의 확률밀도함수 $y=f(x)$의 그래프는 직선 $x=20$에 대하여 대칭이다.

즉, 확률변수 X의 평균은 20이다.

조건 (나)에서 $g(x)=f(x+5)$이므로 함수 $y=g(x)$의 그래프는 함수 $y=f(x)$의 그래프를 x축의 방향으로 -5만큼 평행이동한 것이다.

즉, 확률변수 Y의 평균은 $20-5=15$이다.

또한 확률변수 X의 표준편차를 σ라 하면 확률변수 Y의 표준편차도 σ이다.

따라서 확률변수 X는 정규분포 $N(20,\ \sigma^2)$을 따르므로

$Z=\dfrac{X-20}{\sigma}$으로 놓으면 확률변수 Z는 표준정규분포 $N(0,\ 1)$을 따른다.

$$P(16\leq X\leq24)=P\left(\frac{16-20}{\sigma}\leq Z\leq\frac{24-20}{\sigma}\right)$$
$$=P\left(-\frac{4}{\sigma}\leq Z\leq\frac{4}{\sigma}\right)=2P\left(0\leq Z\leq\frac{4}{\sigma}\right)=0.3830$$

이므로

$$P\left(0\leq Z\leq\frac{4}{\sigma}\right)=0.1915$$

이때 표준정규분포표에서 $P(0\leq Z\leq0.5)=0.1915$이므로

$$\frac{4}{\sigma}=0.5,\ \sigma=8$$

따라서 확률변수 Y는 정규분포 $N(15,\ 8^2)$을 따르므로

$Z=\dfrac{Y-15}{8}$로 놓으면 확률변수 Z는 표준정규분포 $N(0,\ 1)$을 따른다.

$P(Y\geq k)=0.0228$에서

$$P(Y\geq k)=P\left(Z\geq\frac{k-15}{8}\right)=0.5-P\left(0\leq Z\leq\frac{k-15}{8}\right)=0.0228$$

이므로

$$P\left(0\leq Z\leq\frac{k-15}{8}\right)=0.5-0.0228=0.4772$$

이때 표준정규분포표에서 $P(0\leq Z\leq2)=0.4772$이므로

$$\frac{k-15}{8}=2,\ k-15=16$$

따라서 $k=31$

10

이 제과점에서 생산하는 빵 한 개의 무게를 확률변수 X라 하면 X는 정규분포 $N(15,\ 1^2)$을 따르고 한 상자에 담긴 빵 4개의 무게의 평균을 $\overline{X}$라 하면 확률변수 $\overline{X}$는 정규분포 $N\left(15,\ \left(\dfrac{1}{2}\right)^2\right)$을 따른다.

$Z=\dfrac{\overline{X}-15}{\dfrac{1}{2}}$라 하면 확률변수 Z는 표준정규분포 $N(0,\ 1)$을 따른다.

한 상자에 들어 있는 빵 4개의 무게의 합이 a g이면 이들의 평균은 $\dfrac{a}{4}$ g이고 할인된 가격으로 판매할 상자일 확률이 0.1587이므로

$$P\left(\overline{X}\le\frac{a}{4}\right)=P\left(Z\le\frac{\frac{a}{4}-15}{\frac{1}{2}}\right)=P\left(Z\le\frac{a}{2}-30\right)=P\left(Z\ge30-\frac{a}{2}\right)$$

이때 $P\left(\overline{X}\le\dfrac{a}{4}\right)=0.1587<0.5$이므로 $30-\dfrac{a}{2}>0$

즉,

$$P\left(Z\ge30-\frac{a}{2}\right)=P(Z\ge0)-P\left(0\le Z\le30-\frac{a}{2}\right)$$
$$=0.5-P\left(0\le Z\le30-\frac{a}{2}\right)$$

이므로

$$P\left(0\le Z\le30-\frac{a}{2}\right)=0.5-0.1587=0.3413$$

$P(0\le Z\le1)=0.3413$이므로 $30-\dfrac{a}{2}=1$

따라서 $a=2\times29=58$

06회 미니모의고사

본문 24~27쪽

1 ③	**2** ④	**3** 8	**4** ⑤
5 ③	**6** ③	**7** ⑤	**8** ①
9 ③	**10** 100		

1

4장의 카드 중에서 빨간색을 칠할 카드 1장을 선택하는 경우의 수는 $_4C_1=4$

남은 3장의 카드를 남은 2가지 색 중에서 중복을 허락하여 3개의 색을 택해 한 장의 카드에 한 가지 색만을 칠하는 경우의 수는 2가지 색 중에서 중복을 허락하여 3개를 택해 일렬로 나열하는 중복순열의 수와 같으므로 $_2\Pi_3=2^3=8$

따라서 구하는 경우의 수는 곱의 법칙에 의하여 $4\times8=32$

2

$f(1)+f(4)\ge2$이므로 조건 (가)에 의하여
$f(1)+f(4)=2$ 또는 $f(1)+f(4)=4$

(i) $f(1)+f(4)=2$인 경우 $f(1)=1$, $f(4)=1$
조건 (나)에 의하여 $f(2)=1$, $f(3)=1$
조건 (다)에 의하여 $f(5)\ge1$, $f(6)\ge1$
이때 $f(5)$, $f(6)$의 값을 정하는 경우의 수는 서로 다른 6개에서 중복을 허락하여 2개를 선택하는 중복순열의 수와 같으므로
$_6\Pi_2=6^2=36$
따라서 이 경우의 함수 f의 개수는 36이다.

(ii) $f(1)+f(4)=4$인 경우
$f(1)=1$, $f(4)=3$ 또는 $f(1)=2$, $f(4)=2$ 또는
$f(1)=3$, $f(4)=1$
㉠ $f(1)=1$, $f(4)=3$일 때
조건 (나)에 의하여 $f(2)=1$, $f(3)=1$
조건 (다)에 의하여 $f(5)\ge3$, $f(6)\ge3$
이때 $f(5)$, $f(6)$의 값을 정하는 경우의 수는 서로 다른 4개에서 중복을 허락하여 2개를 선택하는 중복순열의 수와 같으므로
$_4\Pi_2=4^2=16$
따라서 이 경우의 함수 f의 개수는 16이다.
㉡ $f(1)=2$, $f(4)=2$일 때
조건 (나)에 의하여 $f(2)\le2$, $f(3)\le2$
조건 (다)에 의하여 $f(5)\ge2$, $f(6)\ge2$
이때 $f(2)$, $f(3)$의 값을 정하는 경우의 수는 서로 다른 2개에서 중복을 허락하여 2개를 선택하는 중복순열의 수와 같으므로
$_2\Pi_2=2^2=4$
이 각각에 대하여 $f(5)$, $f(6)$의 값을 정하는 경우의 수는 서로 다른 5개에서 중복을 허락하여 2개를 선택하는 중복순열의 수와 같으므로
$_5\Pi_2=5^2=25$
따라서 이 경우의 함수 f의 개수는 $4\times25=100$
㉢ $f(1)=3$, $f(4)=1$일 때
조건 (나)에 의하여 $f(2)\le3$, $f(3)\le3$
조건 (다)에 의하여 $f(5)\ge1$, $f(6)\ge1$
이때 $f(2)$, $f(3)$의 값을 정하는 경우의 수는 서로 다른 3개에서 중복을 허락하여 2개를 선택하는 중복순열의 수와 같으므로
$_3\Pi_2=3^2=9$
이 각각에 대하여 $f(5)$, $f(6)$의 값을 정하는 경우의 수는 서로 다른 6개에서 중복을 허락하여 2개를 선택하는 중복순열의 수와 같으므로
$_6\Pi_2=6^2=36$
따라서 이 경우의 함수 f의 개수는 $9\times36=324$
(i), (ii)에서 구하는 함수 f의 개수는
$36+(16+100+324)=476$

3

다항식 $(1+x)^{2n}$의 전개식은
$$(1+x)^{2n}={}_{2n}C_0+{}_{2n}C_1 x+{}_{2n}C_2 x^2+\cdots+{}_{2n}C_{2n} x^{2n} \qquad \cdots\cdots ㉠$$
등식 ㉠의 양변에 $x=1$을 대입하면
$$2^{2n}={}_{2n}C_0+{}_{2n}C_1+{}_{2n}C_2+\cdots+{}_{2n}C_{2n} \qquad \cdots\cdots ㉡$$
등식 ㉠의 양변에 $x=-1$을 대입하면

$$0 = {}_{2n}C_0 - {}_{2n}C_1 + {}_{2n}C_2 - {}_{2n}C_3 + \cdots - {}_{2n}C_{2n-1} + {}_{2n}C_{2n} \quad \cdots\cdots ©$$

$©+©$을 한 후 양변을 2로 나누면

$${}_{2n}C_0 + {}_{2n}C_2 + {}_{2n}C_4 + \cdots + {}_{2n}C_{2n} = 2^{2n-1}$$

즉, $\displaystyle\sum_{k=0}^{n} {}_{2n}C_{2k} = 2^{2n-1}$

다항식 $(1+x)^{15}$의 전개식은

$$(1+x)^{15} = {}_{15}C_0 + {}_{15}C_1 x + {}_{15}C_2 x^2 + \cdots + {}_{15}C_{15} x^{15} \quad \cdots\cdots ⓔ$$

등식 ⓔ의 양변에 $x=1$을 대입하면

$$2^{15} = {}_{15}C_0 + {}_{15}C_1 + {}_{15}C_2 + \cdots + {}_{15}C_{15}$$

즉, $\displaystyle\sum_{k=0}^{15} {}_{15}C_k = 2^{15}$

$\displaystyle\sum_{k=0}^{n} {}_{2n}C_{2k} = \sum_{k=0}^{15} {}_{15}C_k$에서 $2^{2n-1} = 2^{15}$이므로 $2n-1 = 15$

따라서 $n=8$

4

집합 X에서 X로의 함수 f 중에서 임의로 하나의 함수를 택하는 모든 경우의 수는 ${}_4\Pi_4 = 4^4 = 256$

$f(2) \le f(3)$을 만족시키도록 $f(2)$와 $f(3)$의 값을 정하는 경우의 수는

$${}_4H_2 = {}_{4+2-1}C_2 = {}_5C_2 = \frac{5 \times 4}{2 \times 1} = 10$$

이 각각에 대하여 $f(1)$과 $f(4)$의 값을 정하는 경우의 수는

$4^2 = 16$

그러므로 조건을 만족시키는 함수 f의 개수는 $10 \times 16 = 160$

따라서 구하는 확률은 $\dfrac{160}{256} = \dfrac{5}{8}$

5

8개의 구슬이 들어 있는 주머니에서 임의로 두 개의 구슬을 동시에 꺼내는 모든 경우의 수는 ${}_8C_2 = 28$

꺼낸 두 개의 구슬에 적힌 두 수를 a, b $(a < b)$라 하자.

2가 두 수 a, b의 공약수일 사건을 A라 하면 사건 A가 일어나는 경우의 수는

$a=2$일 때, $b=4, 6, 8$

$a=4$일 때, $b=6, 8$

$a=6$일 때, $b=8$

이므로 6이다. 즉,

$$P(A) = \frac{6}{28}$$

3이 두 수 a, b의 공약수일 사건을 B라 하면 사건 B가 일어나는 경우의 수는

$a=3$일 때, $b=6, 9$

$a=6$일 때, $b=9$

이므로 3이다. 즉,

$$P(B) = \frac{3}{28}$$

따라서 두 사건 A와 B는 서로 배반사건이므로 $P(A \cap B) = 0$에서

$$P(A \cup B) = P(A) + P(B) = \frac{6}{28} + \frac{3}{28} = \frac{9}{28}$$

6

상자에서 흰 공을 꺼낼 확률은 $\dfrac{2}{5}$, 검은 공을 꺼낼 확률은 $\dfrac{3}{5}$이고, 점 $(1, 0)$으로 이동할 때까지 흰 공을 꺼낸 횟수를 a라 하면 검은 공을 꺼낸 횟수는 $5-a$이다.

원점에서 출발한 점 P의 x좌표는 $a-(5-a)$이고,

점 P의 y좌표는 $-2a+3(5-a)$

즉, 점 P는 점 $(2a-5, -5a+15)$로 이동된다.

이 점의 좌표가 $(1, 0)$이려면 $2a-5=1$, $-5a+15=0$

이어야 하므로 $a=3$

따라서 5번의 시행에서 흰 공을 3번, 검은 공을 2번 꺼내야 하고, 각 시행은 서로 독립이므로 구하는 확률은

$${}_5C_3 \left(\frac{2}{5}\right)^3 \left(\frac{3}{5}\right)^2 = \frac{144}{625}$$

7

$P(Y=2x) = a \times P(X=x) + \dfrac{a}{(x+1)(x+2)}$ $(x=0, 1, 2, 3)$에서

$$\sum_{x=0}^{3} P(Y=2x) = a\sum_{x=0}^{3} P(X=x) + \sum_{x=0}^{3} \frac{a}{(x+1)(x+2)} \quad \cdots\cdots ㉠$$

이때 확률질량함수의 성질에 의하여

$$\sum_{x=0}^{3} P(Y=2x) = \sum_{x=0}^{3} P(X=x) = 1$$이고

$$\sum_{x=0}^{3} \frac{a}{(x+1)(x+2)}$$
$$= a\left(\frac{1}{1 \times 2} + \frac{1}{2 \times 3} + \frac{1}{3 \times 4} + \frac{1}{4 \times 5}\right)$$
$$= a\left\{\left(\frac{1}{1} - \frac{1}{2}\right) + \left(\frac{1}{2} - \frac{1}{3}\right) + \left(\frac{1}{3} - \frac{1}{4}\right) + \left(\frac{1}{4} - \frac{1}{5}\right)\right\}$$
$$= a\left(1 - \frac{1}{5}\right) = \frac{4}{5}a$$

이므로 ㉠에서 $1 = a \times 1 + \dfrac{4}{5}a$, $\dfrac{9}{5}a = 1$

따라서 $a = \dfrac{5}{9}$

8

다섯 장의 카드를 일렬로 나열하는 경우의 수는 5!이다.

확률변수 X가 가질 수 있는 값은 0, 1, 2, 3이고 각각의 확률은 다음과 같다.

(i) $X=0$인 경우

　A, E가 적힌 2장의 카드를 하나로 보고 4장의 카드를 일렬로 나열하는 경우의 수는 4!이고, A, E가 적힌 2장의 카드의 자리를 바꾸는 경우의 수는 2!이므로

$$P(X=0) = \frac{4! \times 2!}{5!} = \frac{2}{5}$$

(ii) $X=1$인 경우

　A, E가 적힌 2장의 카드 사이에 올 카드를 선택하는 경우의 수는 ${}_3C_1$이고, A, E가 적힌 2장의 카드의 자리를 바꾸는 경우의 수는 2!이다. A, E가 적힌 2장의 카드와 사이에 있는 카드를 하나로 보고 3장의 카드를 나열하는 경우의 수는 3!이므로

$$P(X=1)=\frac{{}_3C_1\times 2!\times 3!}{5!}=\frac{3}{10}$$

(iii) $X=3$인 경우

A, E가 적힌 2장의 카드가 양 끝에 오고 사이에 B, C, D가 적힌 3장의 카드가 오는 경우이므로

$$P(X=3)=\frac{2!\times 3!}{5!}=\frac{1}{10}$$

(iv) $X=2$인 경우

전체 경우에서 (i), (ii), (iii)을 제외하면 되므로

$$P(X=2)=1-\left(\frac{2}{5}+\frac{3}{10}+\frac{1}{10}\right)=\frac{1}{5}$$

(i)~(iv)에서 확률변수 X의 확률분포를 표로 나타내면 다음과 같다.

X	0	1	2	3	합계
$P(X=x)$	$\frac{2}{5}$	$\frac{3}{10}$	$\frac{1}{5}$	$\frac{1}{10}$	1

$$E(X)=0\times\frac{2}{5}+1\times\frac{3}{10}+2\times\frac{1}{5}+3\times\frac{1}{10}=1$$

$$V(X)=0^2\times\frac{2}{5}+1^2\times\frac{3}{10}+2^2\times\frac{1}{5}+3^2\times\frac{1}{10}-1^2=1$$

따라서 $V(5X-2)=25V(X)=25\times 1=25$

9

$Z=\dfrac{X-m}{\sigma}$으로 놓으면 확률변수 Z는 표준정규분포 $N(0,\ 1)$을 따른다.

$$\begin{aligned}
P(-\sigma\le X\le 2m+\sigma)&=P\left(\frac{-\sigma-m}{\sigma}\le Z\le\frac{2m+\sigma-m}{\sigma}\right)\\
&=P\left(-1-\frac{m}{\sigma}\le Z\le 1+\frac{m}{\sigma}\right)\\
&=2P\left(0\le Z\le 1+\frac{m}{\sigma}\right)
\end{aligned}$$

조건 (나)에서 $2P\left(0\le Z\le 1+\dfrac{m}{\sigma}\right)=0.9876$이므로

$$P\left(0\le Z\le 1+\frac{m}{\sigma}\right)=0.4938$$

이때 주어진 표준정규분포표에서 $P(0\le Z\le 2.5)=0.4938$이므로

$1+\dfrac{m}{\sigma}=2.5,\ \dfrac{m}{\sigma}=\dfrac{3}{2},\ 2m=3\sigma$

m과 σ가 모두 자연수이므로 m은 3의 배수, σ는 2의 배수이다.

자연수 n에 대하여 $m=3n,\ \sigma=2n$이라 하면

$m\times\sigma=3n\times 2n=6n^2$

조건 (가)에서 $6n^2<720$

$n^2<120$이므로 $n=10$, 즉 $m=30,\ \sigma=20$일 때 $m\times\sigma$의 값이 최대이다.

따라서 확률변수 X는 정규분포 $N(30,\ 20^2)$을 따르고, 확률변수 $Z=\dfrac{X-30}{20}$은 표준정규분포 $N(0,\ 1)$을 따르므로

$$\begin{aligned}
P(X\ge 60)&=P\left(Z\ge\frac{60-30}{20}\right)=P(Z\ge 1.5)\\
&=0.5-P(0\le Z\le 1.5)=0.5-0.4332\\
&=0.0668
\end{aligned}$$

10

확률변수 X가 이항분포 $B(n,\ p)$를 따르므로 확률변수 X는 근사적으로 정규분포 $N(np,\ npq)\ (q=1-p)$를 따른다.

조건 (가)에서 $\sum\limits_{k=0}^{n}k\,{}_nC_kp^k(1-p)^{n-k}=90$이므로

$E(X)=np=90\ \ \cdots\cdots\ \ \bigcirc$

또 조건 (나)에서 $\sum\limits_{k=87}^{n}{}_nC_kp^k(1-p)^{n-k}=0.8413$이므로

$P(X\ge 87)=0.8413$

이때 확률변수 $Z=\dfrac{X-np}{\sqrt{npq}}=\dfrac{X-90}{\sqrt{npq}}$은 표준정규분포 $N(0,\ 1)$을 따르므로

$$\begin{aligned}
P(X\ge 87)&=P\left(\frac{X-90}{\sqrt{npq}}\ge\frac{87-90}{\sqrt{npq}}\right)=P\left(Z\ge-\frac{3}{\sqrt{npq}}\right)\\
&=P\left(-\frac{3}{\sqrt{npq}}\le Z\le 0\right)+P(Z\ge 0)\\
&=P\left(0\le Z\le\frac{3}{\sqrt{npq}}\right)+0.5=0.8413
\end{aligned}$$

즉, $P\left(0\le Z\le\dfrac{3}{\sqrt{npq}}\right)=0.3413$

표준정규분포표에서 $P(0\le Z\le 1)=0.3413$이므로

$\dfrac{3}{\sqrt{npq}}=1,\ npq=9\ \ \cdots\cdots\ \ \bigcirc$

$\bigcirc$을 $\bigcirc$에 대입하면 $q=\dfrac{1}{10}$

따라서 $p=\dfrac{9}{10}$이므로 이 값을 $\bigcirc$에 대입하면 $n=100$

07회 미니모의고사

본문 28~31쪽

1 ②	**2** ⑤	**3** 114	**4** ⑤
5 ④	**6** 65	**7** ③	**8** ⑤
9 ②	**10** 17		

1

어떤 남학생과도 이웃하여 앉지 않는 여학생이 존재하도록 앉으려면 3명의 여학생이 나란히 앉아 두 여학생 사이에 이웃하여 앉는 여학생이 있으면 된다.

3명의 여학생을 하나로 묶어 4명의 남학생과 원형으로 배열하는 경우의 수는 $(5-1)!=4!=24$

위의 각각의 경우에 대하여 3명의 여학생을 일렬로 나열하는 경우의 수는 $3!=6$

따라서 구하는 경우의 수는 곱의 법칙에 의하여 $24\times 6=144$

2

그림과 같이 P, Q, R, S지점을 정하자.

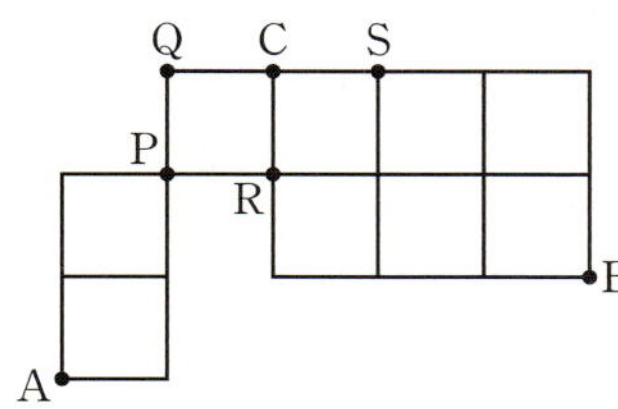

A지점에서 출발하여 C지점을 지나 B지점까지 최단 거리로 가는 경우는 다음과 같다.

(i) A→P→Q→C→B인 경우

$$\frac{3!}{2!}\times 1\times 1\times \frac{5!}{3!2!}=3\times 1\times 1\times 10=30$$

(ii) A→P→R→C→S→B인 경우

$$\frac{3!}{2!}\times 1\times 1\times 1\times \frac{4!}{2!2!}=3\times 1\times 1\times 1\times 6=18$$

(i), (ii)에서 구하는 경우의 수는 $30+18=48$

3

$\left(x+\dfrac{1}{x}\right)(x^2+a)^5$의 전개식에서 $\dfrac{1}{x}$항은 $x+\dfrac{1}{x}$에서 $\dfrac{1}{x}$항과 $(x^2+a)^5$의 전개식에서 상수항의 곱과 같다.

$(x^2+a)^5$의 전개식의 일반항은

$_5C_r\times (x^2)^{5-r}\times a^r={}_5C_r\times a^r\times x^{10-2r}\ (r=0,\ 1,\ 2,\ \cdots,\ 5)$ ······ ㉠

이때 상수항은 $r=5$일 때이므로 상수항은 $_5C_5\times a^5=a^5$

즉, $1\times a^5=32$에서 $a=2$

한편, $\left(x+\dfrac{1}{x}\right)(x^2+2)^5$의 전개식에서 x항은 $x+\dfrac{1}{x}$에서 x항과 $(x^2+2)^5$의 전개식에서 상수항의 곱과 $x+\dfrac{1}{x}$에서 $\dfrac{1}{x}$항과 $(x^2+2)^5$의 전개식에서 x^2항의 곱의 합과 같다.

$x+\dfrac{1}{x}$에서 x항은 x, $(x^2+2)^5$의 전개식에서 상수항은 32이다.

$x+\dfrac{1}{x}$에서 $\dfrac{1}{x}$항은 $\dfrac{1}{x}$, $(x^2+2)^5$의 전개식에서 x^2항은 ㉠에서 $r=4$일 때이므로 $_5C_4\times 2^4\times x^2=80x^2$이다.

즉, $b=1\times 32+1\times 80=112$

따라서 $a+b=2+112=114$

4

한 개의 주사위를 세 번 던질 때 나오는 모든 경우의 수는 $6^3=216$

$a+b$가 c의 배수인 경우의 수는

(i) $c=1$인 경우

　$a+b$의 값은 자연수이기만 하면 되므로 이 경우의 수는 $6\times 6=36$

(ii) $c=2$인 경우

　$a+b$의 값이 짝수이어야 하므로 이 경우의 수는 $\dfrac{36}{2}=18$

(iii) $c=3$인 경우

　$a+b$의 값이 3 또는 6 또는 9 또는 12이어야 하므로 이 경우의 수는 $2+5+4+1=12$

(iv) $c=4$인 경우

　$a+b$의 값이 4 또는 8 또는 12이어야 하므로 이 경우의 수는 $3+5+1=9$

(v) $c=5$인 경우

　$a+b$의 값이 5 또는 10이어야 하므로 이 경우의 수는 $4+3=7$

(vi) $c=6$인 경우

　$a+b$의 값이 6 또는 12이어야 하므로 이 경우의 수는 $5+1=6$

(i)~(vi)에서 조건을 만족시키는 경우의 수는

$36+18+12+9+7+6=88$

따라서 구하는 확률은 $\dfrac{88}{216}=\dfrac{11}{27}$

5

정육각형의 6개의 꼭짓점 중 임의로 서로 다른 3개를 택하여 만들 수 있는 삼각형 전체의 개수는 $_6C_3=\dfrac{6\times 5\times 4}{3\times 2\times 1}=20$

이 삼각형 중에서 두 변의 길이의 합이 3이 되는 것은 다음과 같다.

그림과 같이 정육각형의 두 꼭짓점 A, B와 꼭짓점 A 또는 B와 맞은편에 있는 꼭짓점을 택하여 직각삼각형을 만들 때, 이 직각삼각형의 빗변의 길이가 2이다.

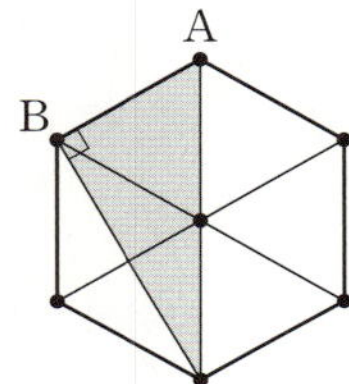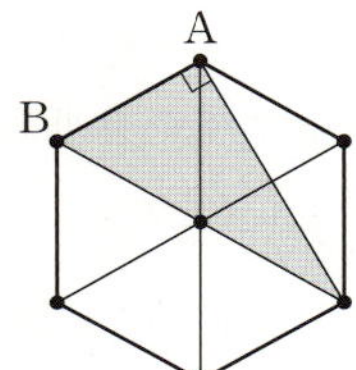

즉, 삼각형의 세 변 중에서 두 변의 길이의 합이 3이 되려면 그림과 같은 직각삼각형일 때이고 그 개수는 $6\times 2=12$이다.

따라서 구하는 확률은 $\dfrac{12}{20}=\dfrac{3}{5}$

6

주머니 A에 들어 있는 검은 공의 개수가 홀수인 사건을 A, 처음 주머니 A에서 꺼낸 검은 공의 개수가 짝수인 사건을 B라 하면 구하는 확률은 $P(B|A)$이다.

주머니 A에 들어 있는 검은 공의 개수가 홀수인 경우는 다음 세 가지가 있다.

(i) 처음 주머니 A에서 검은 공 3개를 꺼내는 경우

　주머니 B에서 검은 공 2개를 꺼내거나 흰 공 2개를 꺼내는 경우이므로 확률은

$$\frac{_4C_3}{_6C_3}\times \frac{_3C_2+{}_6C_2}{_9C_2}=\frac{1}{5}\times \frac{1}{2}=\frac{1}{10}$$

(ii) 처음 주머니 A에서 검은 공 2개, 흰 공 1개를 꺼내는 경우

　주머니 B에서 검은 공 1개, 흰 공 1개를 꺼내는 경우이므로 확률은

$$\frac{_4C_2\times {}_2C_1}{_6C_3}\times \frac{_2C_1\times {}_7C_1}{_9C_2}=\frac{3}{5}\times \frac{7}{18}=\frac{7}{30}$$

(iii) 처음 주머니 A에서 검은 공 1개, 흰 공 2개를 꺼내는 경우

　주머니 B에서 흰 공 2개를 꺼내는 경우이므로 확률은

$$\frac{_4C_1\times {}_2C_2}{_6C_3}\times \frac{_8C_2}{_9C_2}=\frac{1}{5}\times \frac{7}{9}=\frac{7}{45}$$

(i), (ii), (iii)에서
$$\mathrm{P}(A)=\frac{1}{10}+\frac{7}{30}+\frac{7}{45}=\frac{22}{45},\ \mathrm{P}(A\cap B)=\frac{7}{30}$$

따라서 $\mathrm{P}(B\,|\,A)=\dfrac{\mathrm{P}(A\cap B)}{\mathrm{P}(A)}=\dfrac{\dfrac{7}{30}}{\dfrac{22}{45}}=\dfrac{21}{44}$

이므로 $p=44$, $q=21$에서 $p+q=44+21=65$

7

다음 각 경우로 나눌 수 있다.

(i) 첫 번째와 두 번째 던질 때 나온 모든 앞면의 개수가 0인 경우

첫 번째와 두 번째 던질 때 앞면이 나오지 않을 확률은
$$_2\mathrm{C}_0\left(\frac{1}{2}\right)^0\left(\frac{1}{2}\right)^2=\frac{1}{4}$$

세 번째, 네 번째, 다섯 번째 던질 때 나온 앞면이 1개 이상이어야

하므로 확률은
$$1-{}_3\mathrm{C}_0\left(\frac{1}{2}\right)^0\left(\frac{1}{2}\right)^3=\frac{7}{8}$$

그러므로 이때의 확률은
$$\frac{1}{4}\times\frac{7}{8}=\frac{7}{32}$$

(ii) 첫 번째와 두 번째 던질 때 나온 모든 앞면의 개수가 1인 경우

첫 번째와 두 번째 던질 때 앞면이 1개 나올 확률은
$$_2\mathrm{C}_1\left(\frac{1}{2}\right)^1\left(\frac{1}{2}\right)^1=\frac{1}{2}$$

세 번째, 네 번째, 다섯 번째 던질 때 나온 앞면이 2개 이상이어야

하므로 확률은
$$_3\mathrm{C}_2\left(\frac{1}{2}\right)^2\left(\frac{1}{2}\right)^1+{}_3\mathrm{C}_3\left(\frac{1}{2}\right)^3\left(\frac{1}{2}\right)^0=\frac{3}{2^3}+\frac{1}{2^3}=\frac{1}{2}$$

그러므로 이때의 확률은
$$\frac{1}{2}\times\frac{1}{2}=\frac{1}{4}$$

(iii) 첫 번째와 두 번째 던질 때 나온 모든 앞면의 개수가 2인 경우

첫 번째와 두 번째 던질 때 앞면이 2개 나올 확률은
$$_2\mathrm{C}_2\left(\frac{1}{2}\right)^2\left(\frac{1}{2}\right)^0=\frac{1}{4}$$

세 번째, 네 번째, 다섯 번째 던질 때 나온 앞면이 3개 이상이어야

하므로 확률은
$$_3\mathrm{C}_3\left(\frac{1}{2}\right)^3\left(\frac{1}{2}\right)^0=\frac{1}{2^3}=\frac{1}{8}$$

그러므로 이때의 확률은
$$\frac{1}{4}\times\frac{1}{8}=\frac{1}{32}$$

(i), (ii), (iii)에서 구하는 확률은
$$\frac{7}{32}+\frac{1}{4}+\frac{1}{32}=\frac{1}{2}$$

8

이항분포 $\mathrm{B}(4n,\ p)$를 따르는 확률변수 X의 확률질량함수는
$$\mathrm{P}(X=r)={}_{4n}\mathrm{C}_r\,p^r(1-p)^{4n-r}\ (r=0,\ 1,\ 2,\ \cdots,\ 4n)$$
이다.

조건 (가)에서
$$\mathrm{P}(X=2n-1)={}_{4n}\mathrm{C}_{2n-1}\,p^{2n-1}(1-p)^{2n+1}$$
$$\mathrm{P}(X=2n+1)={}_{4n}\mathrm{C}_{2n+1}\,p^{2n+1}(1-p)^{2n-1}$$
$${}_{4n}\mathrm{C}_{2n-1}={}_{4n}\mathrm{C}_{4n-(2n-1)}={}_{4n}\mathrm{C}_{2n+1}$$이므로
$$\mathrm{P}(X=2n-1)=25\mathrm{P}(X=2n+1)$$에서
$${}_{4n}\mathrm{C}_{2n-1}\,p^{2n-1}(1-p)^{2n+1}=25\times{}_{4n}\mathrm{C}_{2n+1}\,p^{2n+1}(1-p)^{2n-1}$$
$$(1-p)^2=25p^2$$
$$24p^2+2p-1=0$$
$$(4p+1)(6p-1)=0$$

이때 $0\le p\le 1$이므로 $p=\dfrac{1}{6}$

조건 (나)에서
$$\mathrm{E}(X)=4np=\frac{2}{3}n=80$$이므로 $n=120$

따라서 확률변수 Y는 이항분포 $\mathrm{B}\left(120,\ \dfrac{1}{3}\right)$을 따르므로
$$\mathrm{V}(Y)=120\times\frac{1}{3}\times\frac{2}{3}=\frac{80}{3}$$

9

확률변수 X가 정규분포 $\mathrm{N}(m,\ 4^2)$을 따르고

$\mathrm{P}(X\le 7)=\mathrm{P}(X\ge 11)$이 성립하므로 $m=\dfrac{7+11}{2}=9$

$Z=\dfrac{X-9}{4}$라 하면 확률변수 Z는 표준정규분포 $\mathrm{N}(0,\ 1)$을 따른다.

따라서
$$\begin{aligned}\mathrm{P}(7\le X\le 15)&=\mathrm{P}\left(\frac{7-9}{4}\le Z\le\frac{15-9}{4}\right)=\mathrm{P}(-0.5\le Z\le 1.5)\\&=\mathrm{P}(-0.5\le Z\le 0)+\mathrm{P}(0\le Z\le 1.5)\\&=\mathrm{P}(0\le Z\le 0.5)+\mathrm{P}(0\le Z\le 1.5)\\&=0.1915+0.4332=0.6247\end{aligned}$$

10

확률변수 X가 정규분포 $\mathrm{N}(m,\ \sigma^2)$을 따르므로 조건 (가)의

$\mathrm{P}(X\ge 12)\le\mathrm{P}(X\le 18)$에서
$$m\le\frac{12+18}{2}=15\qquad\cdots\cdots\ \text{㉠}$$

조건 (가)의 $\mathrm{P}(X\le 18)\le\mathrm{P}(X\ge 8)$에서
$$m\ge\frac{18+8}{2}=13\qquad\cdots\cdots\ \text{㉡}$$

㉠, ㉡에서
$$13\le m\le 15\qquad\cdots\cdots\ \text{㉢}$$

또한 표본평균 $\overline{X}$는 정규분포 $\mathrm{N}\left(m,\ \left(\dfrac{\sigma}{2}\right)^2\right)$을 따르므로

표준정규분포 $\mathrm{N}(0,\ 1)$을 따르는 확률변수를 Z라 하면

조건 (나)의 $\mathrm{P}(X\ge 20)<\mathrm{P}(\overline{X}\le 10)$에서
$$\mathrm{P}\left(Z\ge\frac{20-m}{\sigma}\right)<\mathrm{P}\left(Z\le\frac{10-m}{\frac{\sigma}{2}}\right)$$
$$\mathrm{P}\left(Z\ge\frac{20-m}{\sigma}\right)<\mathrm{P}\left(Z\le\frac{20-2m}{\sigma}\right)$$
$$\frac{20-m}{\sigma}+\frac{20-2m}{\sigma}>0,\ 40>3m$$

$$m < \frac{40}{3} = 13.3\cdots \qquad \cdots\cdots ㉣$$

㉢, ㉣에서 $13 \leq m < 13.3\cdots$이고, m은 정수이므로 $m = 13$

$$P(\overline{X} \geq 15) = P\left(Z \geq \frac{15-13}{\frac{\sigma}{2}}\right) = P\left\{Z \geq \frac{4}{\sigma}\right\}$$
$$= 0.5 - P\left(0 \leq Z \leq \frac{4}{\sigma}\right) = 0.1587$$

$$P\left(0 \leq Z \leq \frac{4}{\sigma}\right) = 0.3413$$

즉, $\frac{4}{\sigma} = 1$이므로 $\sigma = 4$

따라서 $m + \sigma = 13 + 4 = 17$

08회 미니모의고사

본문 32~35쪽

1 ①	**2** ⑤	**3** 695	**4** ⑤
5 ①	**6** ⑤	**7** ①	**8** ③
9 ④	**10** 26		

1

(i) 일의 자리의 수가 4인 경우

천의 자리의 수는 2이고, 백의 자리의 수와 십의 자리의 수를 택하는 경우의 수는 네 개의 숫자 2, 3, 4, 6에서 중복을 허락하여 2개를 택하는 중복순열의 수와 같으므로 주어진 조건을 만족시키는 자연수의 개수는 $_4\Pi_2 = 4^2 = 16$

(ii) 일의 자리의 수가 6인 경우

천의 자리의 수는 2 또는 3이고, 백의 자리의 수와 십의 자리의 수를 택하는 경우의 수는 네 개의 숫자 2, 3, 4, 6에서 중복을 허락하여 2개를 택하는 중복순열의 수와 같으므로 주어진 조건을 만족시키는 자연수의 개수는 $2 \times _4\Pi_2 = 2 \times 4^2 = 32$

(i), (ii)에서 구하는 자연수의 개수는 $16 + 32 = 48$

2

조건 (가)에 의해 빵은 2명의 학생에게 2개, 1개씩 나누어 주거나 3명의 학생에게 1개씩 나누어 주어야 한다.

(i) 빵을 2명의 학생에게 2개, 1개씩 나누어 주는 경우

4명의 학생 중 2개의 빵을 받을 학생 한 명과 1개의 빵을 받을 학생 한 명을 택하는 경우의 수는 $_4P_2 = 4 \times 3 = 12$

위의 각각의 경우에 대하여 빵을 받은 2명의 학생에게 우유를 1병씩 나누어 준다. 나머지 4병의 우유를 네 명의 학생에게 나누어 주는 경우의 수는 서로 다른 4명의 학생 중에서 중복을 허락하여 4명을 택하는 중복조합의 수와 같으므로

$$_4H_4 = _7C_4 = _7C_3 = \frac{7 \times 6 \times 5}{3 \times 2 \times 1} = 35$$

따라서 조건을 만족시키는 경우의 수는 $12 \times 35 = 420$

(ii) 빵을 3명의 학생에게 1개씩 나누어 주는 경우

4명의 학생 중 빵을 1개씩 받을 3명의 학생을 택하는 경우의 수는
$$_4C_3 = _4C_1 = 4$$

위의 각각의 경우에 대하여 빵을 받은 3명의 학생에게는 우유를 1병씩 나누어 준다. 나머지 3병의 우유를 4명의 학생에게 나누어 주는 경우의 수는 서로 다른 4명의 학생 중에서 중복을 허락하여 3명을 택하는 중복조합의 수와 같으므로

$$_4H_3 = _6C_3 = \frac{6 \times 5 \times 4}{3 \times 2 \times 1} = 20$$

따라서 조건을 만족시키는 경우의 수는 $4 \times 20 = 80$

(i), (ii)에서 구하는 경우의 수는 $420 + 80 = 500$

3

서로 다른 4개의 주머니를 A, B, C, D로 놓자.

각 주머니에 넣는 구슬의 개수를 각각 a, b, c, d라 하고, 어느 주머니에도 넣지 않은 구슬의 개수를 e라 하면

a, b, c, d는 0 이상 7 이하의 정수이고, e는 자연수이다.

이때 $a + b + c + d + e = 10$이어야 하므로

$e = e' + 1$ (e'은 음이 아닌 정수)로 놓으면

$$a + b + c + d + e' = 9 \qquad \cdots\cdots ㉠$$

㉠을 만족시키는 음이 아닌 정수 a, b, c, d, e'의 모든 순서쌍 (a, b, c, d, e')의 개수는 서로 다른 5개에서 9개를 택하는 중복조합의 수와 같으므로

$$_5H_9 = _{5+9-1}C_9 = _{13}C_9 = _{13}C_4 = \frac{13 \times 12 \times 11 \times 10}{4 \times 3 \times 2 \times 1} = 715$$

이 중에서 a, b, c, d 중 하나가 9인 순서쌍의 개수는 $_4C_1 = 4$

이고, a, b, c, d 중 하나가 8이고 a, b, c, d, e' 중 8인 것을 제외한 나머지 4개 중 하나는 1인 순서쌍의 개수는

$$_4C_1 \times _4C_1 = 4 \times 4 = 16$$

따라서 구하는 경우의 수는 $715 - 4 - 16 = 695$

4

집합 $X = \{1, 2, 3, 4, 5\}$에서 집합 $Y = \{1, 2, 3\}$으로의 모든 함수 f의 개수는 $_3\Pi_5 = 3^5$

공역 Y의 3개의 원소 중에서 치역에 속할 2개의 원소를 선택하는 경우의 수는 $_3C_2 = 3$

위의 각각의 경우에 대하여 조건을 만족시키는 함수 f의 개수는 다음과 같이 경우를 나누어 구할 수 있다.

(i) 집합 X의 5개의 원소 중에서 1개, 4개의 원소가 각각 치역의 원소 하나씩에 대응되는 경우

집합 X의 5개의 원소 중에서 1개를 선택하여 치역의 2개의 원소 중에서 1개에 대응시키면 되므로 이때의 경우의 수는
$$_5C_1 \times 2! = 10$$

(ii) 집합 X의 5개의 원소 중에서 2개, 3개의 원소가 각각 치역의 원소 하나씩에 대응되는 경우

집합 X의 5개의 원소 중에서 2개를 선택하여 치역의 2개의 원소 중에서 1개에 대응시키면 되므로 이때의 경우의 수는
$$_5C_2 \times 2! = 20$$

(i), (ii)에서 조건을 만족시키는 함수 f의 개수는 곱의 법칙과 합의 법칙에 의하여 $3 \times (10+20)=90$

따라서 구하는 확률은 $\dfrac{90}{3^5}=\dfrac{10}{27}$

5

8개의 원에 1부터 8까지의 자연수를 써넣는 경우의 수는 $8!$

4개의 ⬡ 모양의 도형에 적혀 있는 1의 개수가 4가 되려면 각각의 ⬡ 모양의 도형과 원주의 일부를 공유하는 4개의 원에 적혀 있는 모든 수의 합이 홀수이어야 한다.

이때 1부터 8까지의 자연수 중 홀수는 1, 3, 5, 7의 4개이므로 이 4개의 홀수를 어떻게 배치하느냐에 따라 합이 홀수인지 짝수인지가 정해진다.

홀수가 적히는 원을 회색 원(⬤)으로 나타내고, 이 회색 원을 조건을 만족시키도록 놓는 경우를 살펴보면 다음과 같다.

(i) 각 ⬡ 모양의 도형에 회색 원(⬤)을 1개씩 놓는 경우

　　이 경우는 그림과 같이 1가지이다.

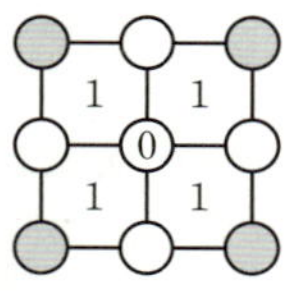

(ii) 회색 원(⬤)을 3개 놓은 ⬡ 모양의 도형이 1개 있는 경우

　　이 경우는 그림과 같이 4가지이다.

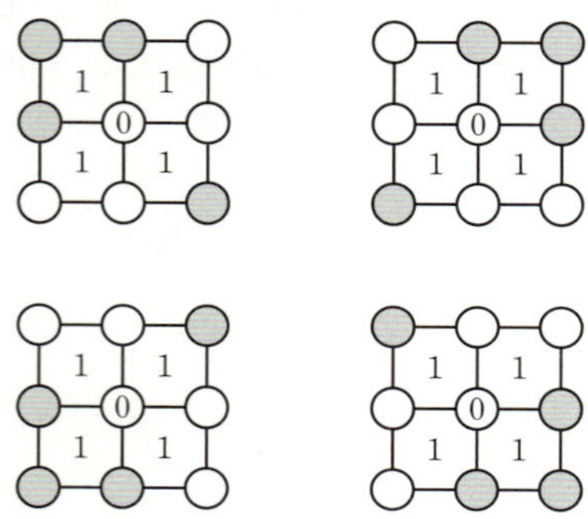

(i), (ii)에서 5가지 경우가 나온다.

5가지의 각 경우에서 홀수 4개와 짝수 4개를 각 자리에 놓는 경우의 수는 $4! \times 4!$

따라서 4개의 ⬡ 모양의 도형에 적혀 있는 1의 개수가 4인 경우의 수는 $5 \times 4! \times 4!$

이므로 구하는 확률은 $\dfrac{5 \times 4! \times 4!}{8!}=\dfrac{1}{14}$

6

2개의 주사위를 동시에 던져서 나온 눈의 수의 합이 7인 사건을 A, 주어진 시행에서 앞면이 나온 동전과 뒷면이 나온 동전의 개수가 서로 같은 사건을 B라 하자.

(i) 두 주사위의 눈의 수의 합이 7인 경우

　　두 주사위의 눈의 수가 각각 1, 6 또는 2, 5 또는 3, 4 또는 4, 3 또

는 5, 2 또는 6, 1인 경우이므로

$$P(A)=\frac{6}{36}=\frac{1}{6}$$

$P(B|A)$는 6개의 동전 중 앞면, 뒷면이 나온 동전이 각각 3개일 확률이므로

$$P(B|A)={}_6C_3\left(\frac{1}{2}\right)^3\left(\frac{1}{2}\right)^3=20 \times \frac{1}{64}=\frac{5}{16}$$

$$P(A \cap B)=P(A)P(B|A)=\frac{1}{6} \times \frac{5}{16}=\frac{5}{96}$$

(ii) 두 주사위의 눈의 수의 합이 7이 아닌 경우

$$P(A^C)=1-P(A)=1-\frac{1}{6}=\frac{5}{6}$$

$P(B|A^C)$은 4개의 동전 중 앞면, 뒷면이 나온 동전이 각각 2개일 확률이므로

$$P(B|A^C)={}_4C_2\left(\frac{1}{2}\right)^2\left(\frac{1}{2}\right)^2=6 \times \frac{1}{16}=\frac{3}{8}$$

$$P(A^C \cap B)=P(A^C)P(B|A^C)=\frac{5}{6} \times \frac{3}{8}=\frac{5}{16}$$

(i), (ii)에서 구하는 확률은

$$P(B)=P(A \cap B)+P(A^C \cap B)=\frac{5}{96}+\frac{5}{16}=\frac{35}{96}$$

7

확률의 총합은 1이므로

$a+\dfrac{1}{6}+\dfrac{1}{4}+b=1$에서 $a+b=\dfrac{7}{12}$　　　……　㉠

$P(X \leq 2)=\dfrac{1}{2}$이므로

$a+\dfrac{1}{6}=\dfrac{1}{2}$에서 $a=\dfrac{1}{3}$　　　……　㉡

㉡을 ㉠에 대입하면 $b=\dfrac{1}{4}$

따라서 $a-b=\dfrac{1}{3}-\dfrac{1}{4}=\dfrac{1}{12}$

8

이항분포 $B(3, p)$를 따르는 확률변수 X의 확률질량함수는

$P(X=x)={}_3C_x p^x(1-p)^{3-x}$ $(x=0, 1, 2, 3)$이므로

$P(X \geq 2)={}_3C_2 p^2(1-p)+{}_3C_3 p^3=3p^2(1-p)+p^3=-2p^3+3p^2$

이항분포 $B\left(9, \dfrac{1}{2}\right)$을 따르는 확률변수 Y의 확률질량함수는

$P(Y=y)={}_9C_y\left(\dfrac{1}{2}\right)^y\left(\dfrac{1}{2}\right)^{9-y}=\dfrac{{}_9C_y}{2^9}$ $(y=0, 1, 2, \cdots, 9)$이므로

$P(Y \geq 5)=\dfrac{{}_9C_5+{}_9C_6+{}_9C_7+{}_9C_8+{}_9C_9}{2^9}=\dfrac{2^8}{2^9}=\dfrac{1}{2}$

이때 $P(X \geq 2)+P(Y \geq 5)=1$에서

$P(X \geq 2)=1-P(Y \geq 5)=1-\dfrac{1}{2}=\dfrac{1}{2}$이므로

$-2p^3+3p^2=\dfrac{1}{2}$, $4p^3-6p^2+1=0$

$(2p-1)(2p^2-2p-1)=0$

$p=\dfrac{1}{2}$ 또는 $p=\dfrac{1-\sqrt{3}}{2}$ 또는 $p=\dfrac{1+\sqrt{3}}{2}$

$\dfrac{1-\sqrt{3}}{2}<0,\ \dfrac{1+\sqrt{3}}{2}>1$이므로 $p=\dfrac{1}{2}$

따라서 확률변수 X는 이항분포 $\mathrm{B}\!\left(3,\dfrac{1}{2}\right)$을 따르고

$\mathrm{E}(X)=3\times\dfrac{1}{2}=\dfrac{3}{2},\ \mathrm{V}(X)=3\times\dfrac{1}{2}\times\dfrac{1}{2}=\dfrac{3}{4}$이므로

$\mathrm{E}(X)+\mathrm{V}(X)=\dfrac{3}{2}+\dfrac{3}{4}=\dfrac{9}{4}$

9

확률변수 X가 정규분포 $\mathrm{N}(5,\sigma^2)$을 따르므로 확률변수

$Z=\dfrac{X-5}{\sigma}$는 표준정규분포 $\mathrm{N}(0,1)$을 따른다.

$\mathrm{P}(X\geq 1)=\mathrm{P}(X\leq 5+\sigma)+0.1359$에서

$\mathrm{P}\!\left(\dfrac{X-5}{\sigma}\geq\dfrac{1-5}{\sigma}\right)=\mathrm{P}\!\left(\dfrac{X-5}{\sigma}\leq\dfrac{(5+\sigma)-5}{\sigma}\right)+0.1359$

$\mathrm{P}\!\left(Z\geq-\dfrac{4}{\sigma}\right)=\mathrm{P}(Z\leq 1)+0.1359$

$0.5+\mathrm{P}\!\left(0\leq Z\leq\dfrac{4}{\sigma}\right)=0.5+\mathrm{P}(0\leq Z\leq 1)+0.1359$

$\mathrm{P}\!\left(0\leq Z\leq\dfrac{4}{\sigma}\right)=\mathrm{P}(0\leq Z\leq 1)+0.1359=0.3413+0.1359=0.4772$

표준정규분포표에서 $\mathrm{P}(0\leq Z\leq 2)=0.4772$이므로 $\dfrac{4}{\sigma}=2$

따라서 $\sigma=2$

10

표본평균이 $\overline{x}=24$, 모표준편차가 9, 표본의 크기가 36이므로 모평균 m에 대한 신뢰도 95 %의 신뢰구간은

$24-1.96\times\dfrac{9}{\sqrt{36}}\leq m\leq 24+1.96\times\dfrac{9}{\sqrt{36}}$

$24-2.94\leq m\leq 24+2.94,\ 21.06\leq m\leq 26.94$

따라서 신뢰구간에 속하는 정수의 최댓값은 26이다.

09회 미니모의고사

1 ⑤	**2** ③	**3** ①	**4** ③
5 ⑤	**6** ④	**7** 496	**8** ③
9 ⑤	**10** 91		

1

여학생 2명을 1명으로 생각하여 남학생 3명과 여학생 1명을 원형으로 배열하는 경우의 수는 $(4-1)!=3!=6$

이 각각에 대하여 4명의 사이 사이 중 2곳을 선택한 후 2명의 교사를 배열하는 경우의 수는 $_4\mathrm{P}_2=4\times 3=12$

이 각각에 대하여 여학생 2명이 서로 자리를 바꾸는 경우의 수는 $2!=2$

따라서 구하는 경우의 수는 $6\times 12\times 2=144$

2

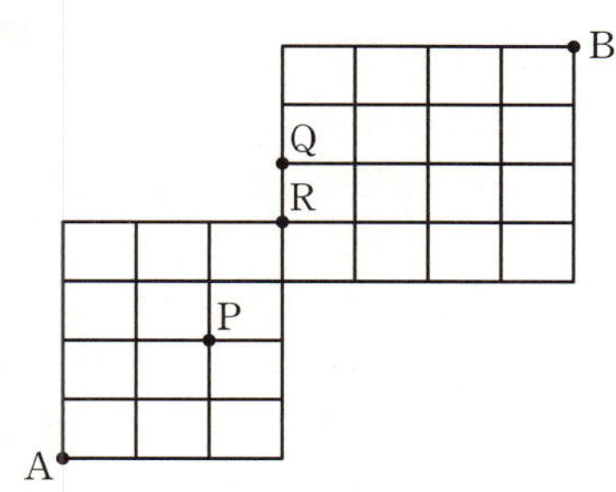

오른쪽으로 한 칸 이동하는 것을 a, 위쪽으로 한 칸 이동하는 것을 b라 할 때, A지점에서 P지점까지 최단거리로 가려면 오른쪽으로 2칸, 위쪽으로 2칸 가야 한다. 이 경우의 수는 4개의 문자 a, a, b, b를 일렬로 나열하는 경우의 수와 같으므로 $\dfrac{4!}{2!\times 2!}=6$

그림과 같이 R지점을 정하면 P지점에서 Q지점까지 최단거리로 갈 때 반드시 R지점을 지나야 한다. P지점에서 R지점으로 최단거리로 가려면 오른쪽으로 1칸, 위쪽으로 2칸 가야 한다. 이 경우의 수는 3개의 문자 a, b, b를 일렬로 나열하는 경우의 수와 같으므로 $\dfrac{3!}{2!}=3$이고 R지점에서 Q지점으로 최단거리로 가는 경우의 수는 1이다. 즉, P지점에서 Q지점까지 최단거리로 가는 경우의 수는 $3\times 1=3$

Q지점에서 B지점으로 최단거리로 가려면 오른쪽으로 4칸, 위쪽으로 2칸 가야 한다. 이 경우의 수는 6개의 문자 a, a, a, a, b, b를 일렬로 나열하는 경우의 수와 같으므로 $\dfrac{6!}{4!\times 2!}=15$

따라서 구하는 경우의 수는 $6\times 3\times 15=270$

3

다항식 $(x+\sqrt[4]{2}\,)^6$의 전개식의 일반항은

$_6\mathrm{C}_r\,x^{6-r}(\sqrt[4]{2}\,)^r\,(r=0,1,2,\cdots,6)$

$(\sqrt[4]{2}\,)^r$의 값이 유리수가 되는 경우는 $r=0$ 또는 $r=4$일 때이다.

$r=0$일 때, x^6의 계수는 $_6\mathrm{C}_0\times(\sqrt[4]{2}\,)^0=1\times 1=1$

$r=4$일 때, x^2의 계수는 $_6\mathrm{C}_4\times(\sqrt[4]{2}\,)^4=_6\mathrm{C}_2\times(\sqrt[4]{2}\,)^4=15\times 2=30$

따라서 다항식 $(x+\sqrt[4]{2}\,)^6$의 전개식에서 유리수인 계수의 총합은

$1+30=31$

4

숫자 1, 2, 3, 4, 5가 하나씩 적힌 5장의 카드를 임의로 일렬로 나열하여 만들 수 있는 모든 다섯 자리 자연수의 개수는

$5\times 4\times 3\times 2\times 1=120$

천의 자리에 짝수를 배열하는 경우의 수는 2이고 일의 자리에 홀수를 배열하는 경우의 수는 3이다. 남은 짝수 1개와 홀수 2개를 만의 자리, 백의 자리, 십의 자리에 배열하는 경우의 수는 $3\times 2\times 1=6$이다.

따라서 구하는 확률은

$\dfrac{2\times 3\times 6}{120}=\dfrac{3}{10}$

5

악기를 연주하는 1개 팀, 춤을 추는 2개 팀, 노래하는 3개 팀 모두 6개
팀의 공연 순서를 정하는 경우의 수는 $6!$
노래하는 3개 팀 중 이어서 공연하는 2개 팀을 선택하는 경우의 수는
$_3C_2$
춤을 추는 2개 팀과 노래하는 2개 팀을 묶어서 각각 1개 팀으로 생각
하여 4개 팀의 공연 순서를 정하는 경우의 수는 $4!$
이때 노래하는 3개 팀이 이어서 공연하는 경우가 생기므로 그 경우의
수를 빼줘야 한다.
노래하는 3개 팀이 이어서 공연하는 경우는 노래하는 2개 팀 앞, 뒤에
노래하는 1개 팀이 공연하는 경우이므로 그 경우의 수는 $2 \times 3!$
이 각각에 대하여 춤을 추는 2개 팀의 공연 순서를 정하는 경우의 수는
$2!$이고, 이 각각에 대하여 노래하는 3개 팀 중 이어서 공연하는 2개
팀의 공연 순서를 정하는 경우의 수는 $2!$
따라서 조건 (가)와 조건 (나)를 모두 만족시키는 경우의 수는
$$_3C_2 \times (4! - 2 \times 3!) \times 2! \times 2!$$
이므로 구하는 확률은
$$\frac{_3C_2 \times (4! - 2 \times 3!) \times 2! \times 2!}{6!} = \frac{1}{5}$$

6

공에 적혀 있는 수의 합을 각 경우로 나누면 다음과 같다.
(ⅰ) 합이 짝수인 경우
　합이 짝수인 경우는 두 수가 모두 짝수이거나 두 수가 모두 홀수인
　경우이므로 합이 짝수일 확률은
$$\frac{_2C_2 + _3C_2}{_5C_2} = \frac{1+3}{10} = \frac{2}{5}$$
　이때 주사위의 두 눈의 수의 합이 5 이상인 사건은 주사위의 눈의
　수의 합이 4 이하인 사건의 여사건이다.
　주사위의 눈의 수의 합이 4 이하가 되는 경우는
　$(1, 1),\ (1, 2),\ (2, 1),\ (1, 3),\ (2, 2),\ (3, 1)$
　이므로 주사위의 눈의 수의 합이 5 이상일 확률은
$$1 - \frac{6}{6^2} = \frac{5}{6}$$
　그러므로 이때의 확률은
$$\frac{2}{5} \times \frac{5}{6} = \frac{1}{3}$$
(ⅱ) 합이 홀수인 경우
　합이 홀수인 경우는 두 수가 짝수 1개, 홀수 1개인 경우이므로 합
　이 홀수일 확률은
$$\frac{_2C_1 \times _3C_1}{_5C_2} = \frac{2 \times 3}{10} = \frac{3}{5}$$
　이때 주사위의 세 눈의 수의 합이 5 이상인 사건은 주사위의 눈의
　수의 합이 4 이하인 사건의 여사건이다.
　주사위의 눈의 수의 합이 4 이하가 되는 경우는
　$(1, 1, 1),\ (1, 1, 2),\ (1, 2, 1),\ (2, 1, 1)$
　이므로 주사위의 눈의 수의 합이 5 이상일 확률은

$$1 - \frac{4}{6^3} = 1 - \frac{1}{54} = \frac{53}{54}$$
그러므로 이때의 확률은
$$\frac{3}{5} \times \frac{53}{54} = \frac{53}{90}$$
(ⅰ), (ⅱ)에서 구하는 확률은 (ⅰ)과 (ⅱ)가 서로 배반사건이므로
$$\frac{1}{3} + \frac{53}{90} = \frac{83}{90}$$

7

한 개의 주사위를 한 번 던지는 시행에서 4 이하의 눈이 나오는 사건을
D, 5 이상의 눈이 나오는 사건을 E라 하면
$$P(D) = \frac{2}{3},\ P(E) = \frac{1}{3}$$
7 이하의 자연수 n에 대하여 n번의 시행에서 4 이하의 눈이 나오는 횟
수를 a라 하면 5 이상의 눈이 나오는 횟수는 $n-a$이다.
이때 상자 A에 들어 있는 공의 개수는 $9 - a + (n-a) = 9 + n - 2a$
이고, 상자 B에 들어 있는 공의 개수는 $9 + a + (n-a) = 9 + n$이다.
상자 B에 들어 있는 공의 개수가 상자 A에 들어 있는 공의 개수의 2
배가 되려면 $9 + n = 2(9 + n - 2a)$, $n = 4a - 9$
a는 n 이하의 음이 아닌 정수이고 n이 7 이하의 자연수이므로
$a = 3$일 때 $n = 3$, $a = 4$일 때 $n = 7$이다.
따라서 상자 B에 들어 있는 공의 개수가 7번째 시행 후 처음으로 상자
A에 들어 있는 공의 개수의 2배가 되는 경우는 7번째 시행까지 D가
4번, E가 3번 일어나는 경우에서 3번째 시행까지 D가 3번 일어나고
4번째 시행에서 7번째 시행까지 D가 1번, E가 3번 일어나는 경우를
제외시키면 된다.
7번째 시행까지 D가 4번, E가 3번 일어날 확률은
$$_7C_4 \left(\frac{2}{3} \right)^4 \left(\frac{1}{3} \right)^3 = \frac{560}{3^7}$$
3번째 시행까지 D가 3번 일어나고 4번째 시행에서 7번째 시행까지 D
가 1번, E가 3번 일어날 확률은
$$_3C_3 \left(\frac{2}{3} \right)^3 \times _4C_1 \left(\frac{2}{3} \right)^1 \left(\frac{1}{3} \right)^3 = \frac{64}{3^7}$$
따라서 구하는 확률은
$$p = \frac{560}{3^7} - \frac{64}{3^7} = \frac{496}{3^7}$$
이므로 $3^7 \times p = 496$

8

주어진 확률분포에서
$$E(X) = 1 \times \frac{1}{6} + 2 \times \frac{1}{6} + a \times \frac{1}{3} + b \times \frac{1}{3} = \frac{1}{2} + \frac{a+b}{3} = \frac{7}{2}$$
에서 $a + b = 9$　……　㉠
$$V(X) = 1^2 \times \frac{1}{6} + 2^2 \times \frac{1}{6} + a^2 \times \frac{1}{3} + b^2 \times \frac{1}{3} - \left(\frac{7}{2} \right)^2$$
$$= \frac{a^2 + b^2}{3} - \frac{137}{12} = \frac{43}{12}$$
에서 $a^2 + b^2 = 45$　……　㉡
$(a+b)^2 = a^2 + b^2 + 2ab$이므로 ㉠, ㉡에서 $9^2 = 45 + 2ab$
따라서 $ab = 18$

9

곡선 $y=f(8-x)$는 곡선 $y=f(x)$를 y축에 대하여 대칭이동한 후 x축의 방향으로 8만큼 평행이동한 것으로 임의의 양수 t에 대하여

$g(4-t)=f(4-t)$

$g(4+t)=f(8-(4+t))$

$\qquad\quad=f(4-t)$

즉, $g(4-t)=g(4+t)$이므로 곡선 $y=g(x)$는 직선 $x=4$에 대하여 대칭이다.

자연수 m의 값에 따라 곡선 $y=g(x)$의 개형은 그림과 같다.

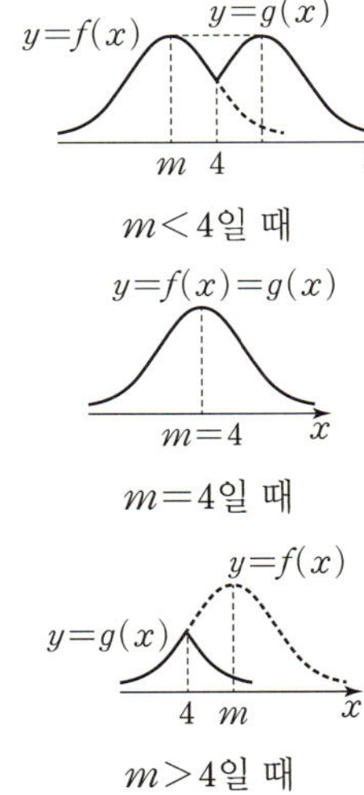

ㄱ. $m=4$이면 두 곡선 $y=f(x)$, $y=g(x)$는 일치한다. 이때 확률변수 X는 정규분포 $N(4,\ 2^2)$을 따르고, $Z_1=\dfrac{X-4}{2}$로 놓으면 확률변수 Z_1은 표준정규분포 $N(0,\ 1)$을 따르므로 곡선 $y=g(x)$와 x축 및 두 직선 $x=4$, $x=6$으로 둘러싸인 부분의 넓이를 S_1이라 하면

$S_1=P(4\leq X\leq 6)$

$\quad=P\left(\dfrac{4-4}{2}\leq Z_1\leq\dfrac{6-4}{2}\right)$

$\quad=P(0\leq Z_1\leq 1)$

$\quad=0.3413$ (참)

ㄴ. $m=5$일 때 곡선 $y=g(x)$와 x축 사이의 넓이를 S_2라 하면 S_2는 $x\leq 4$에서 곡선 $y=f(x)$와 x축 사이의 넓이의 2배이다. 이때 확률변수 X는 정규분포 $N(5,\ 2^2)$을 따르고, $Z_2=\dfrac{X-5}{2}$로 놓으면 확률변수 Z_2는 표준정규분포 $N(0,\ 1)$을 따르므로

$S_2=2P(X\leq 4)$

$\quad=2P\left(Z_2\leq\dfrac{4-5}{2}\right)$

$\quad=2P(Z_2\leq -0.5)$

$\quad=2\{0.5-P(0\leq Z_2\leq 0.5)\}$

$\quad=2\times(0.5-0.1915)$

$\quad=0.6170$ (참)

ㄷ. $m\geq 4$이면 $a_4+a_5+a_6=1+2+2=5$이므로 $a_4+a_5+a_6=9$이려면 $m<4$이어야 한다.

$m=1$, 2, 3일 때 곡선 $y=g(x)$는 그림과 같다.

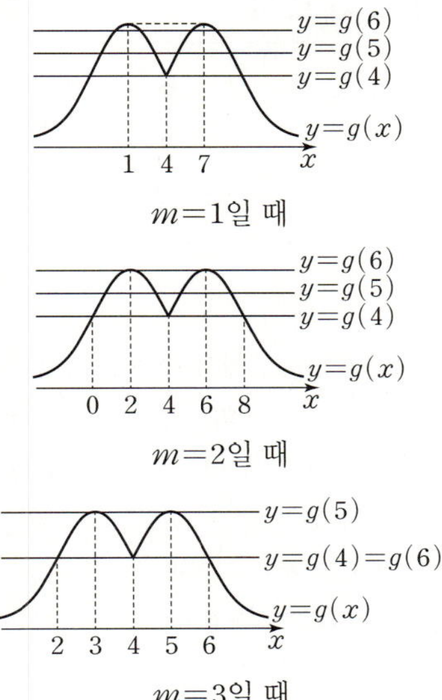

$m=1$이면 $a_4+a_5+a_6=3+4+4=11$

$m=2$이면 $a_4+a_5+a_6=3+4+2=9$

$m=3$이면 $a_4+a_5+a_6=3+2+3=8$

따라서 $a_4+a_5+a_6=9$이려면 $m=2$이어야 한다.

곡선 $y=g(x)$와 x축, y축 및 직선 $x=8$로 둘러싸인 부분의 넓이를 S_3이라 하면 S_3은 곡선 $y=f(x)$와 x축, y축 및 직선 $x=4$로 둘러싸인 부분의 넓이의 2배이다. 이때 확률변수 X는 정규분포 $N(2,\ 2^2)$을 따르고, $Z_3=\dfrac{X-2}{2}$로 놓으면 확률변수 Z_3은 표준정규분포 $N(0,\ 1)$을 따르므로

$S_3=2P(0\leq X\leq 4)=2P\left(\dfrac{0-2}{2}\leq Z_3\leq\dfrac{4-2}{2}\right)$

$\quad=2P(-1\leq Z_3\leq 1)=4P(0\leq Z_3\leq 1)$

$\quad=4\times 0.3413=1.3652$ (참)

이상에서 옳은 것은 ㄱ, ㄴ, ㄷ이다.

10

부품 A 1개의 길이를 확률변수 X라 하면 X는 정규분포 $N\left(300,\ \left(\dfrac{5}{2}\right)^2\right)$을 따르므로 확률변수 $Z=\dfrac{X-300}{\dfrac{5}{2}}$은 표준정규분포 $N(0,\ 1)$을 따른다.

이때 부품 A가 정품일 확률은

$P(X\geq 298.3)=P\left(\dfrac{X-300}{\dfrac{5}{2}}\geq\dfrac{298.3-300}{\dfrac{5}{2}}\right)=P(Z\geq -0.68)$

$\qquad\qquad\qquad=0.5+P(0\leq Z\leq 0.68)=0.5+0.25=\dfrac{3}{4}$

따라서 임의로 선택한 3개의 부품 A 중 정품이 2개일 확률은

${}_3C_2\left(\dfrac{3}{4}\right)^2\left(\dfrac{1}{4}\right)^1=\dfrac{27}{64}$

즉, $p=64$, $q=27$이므로 $p+q=64+27=91$

10회 미니모의고사

1 ⑤	**2** ⑤	**3** 180	**4** ⑤
5 521	**6** ①	**7** ③	**8** ①
9 ②	**10** ③		

1

서로 다른 종류의 연필 6자루 중에서 학생 A에게는 2자루, 학생 B에게는 1자루씩만 나누어 주는 경우의 수는 $_6C_2 \times _4C_1 = 60$

이 각각에 대하여 나머지 연필 3자루를 C, D에게 나누어 주되 연필을 한 자루도 받지 못하는 학생이 있을 수 있으므로 이 경우의 수는 서로 다른 2개에서 3개를 택하는 중복순열의 수와 같다.

즉, 이때의 경우의 수는 $_2\Pi_3 = 2^3 = 8$

따라서 구하는 경우의 수는 $60 \times 8 = 480$

2

조건 (가)에서 a_i $(i=1, 2, 3, \cdots, 8)$의 값은 0 또는 1 또는 2이므로 8개의 정수 $a_1, a_2, a_3, \cdots, a_8$ 중에서 값이 1인 정수의 개수를 x, 값이 2인 정수의 개수를 y라 하면 값이 0인 정수의 개수는 $(8-x-y)$이다.

조건 (나)에서 8개의 정수 $a_1, a_2, a_3, \cdots, a_8$의 합이 8이므로

$1 \times x + 2 \times y + 0 \times (8-x-y) = 8$에서 $x + 2y = 8$

이때 $x \geq 0$, $y \geq 0$, $x+y \leq 8$이므로

순서쌍 (x, y)는 $(0, 4)$, $(2, 3)$, $(4, 2)$, $(6, 1)$, $(8, 0)$뿐이다.

(i) $x=0$, $y=4$인 경우

순서쌍 $(a_1, a_2, a_3, \cdots, a_8)$의 개수는

0, 0, 0, 0, 2, 2, 2, 2를 일렬로 나열하는 경우의 수와 같으므로

$\dfrac{8!}{4! \times 4!} = 70$

(ii) $x=2$, $y=3$인 경우

순서쌍 $(a_1, a_2, a_3, \cdots, a_8)$의 개수는

0, 0, 0, 1, 1, 2, 2, 2를 일렬로 나열하는 경우의 수와 같으므로

$\dfrac{8!}{3! \times 2! \times 3!} = 560$

(iii) $x=4$, $y=2$인 경우

순서쌍 $(a_1, a_2, a_3, \cdots, a_8)$의 개수는

0, 0, 1, 1, 1, 1, 2, 2를 일렬로 나열하는 경우의 수와 같으므로

$\dfrac{8!}{2! \times 4! \times 2!} = 420$

(iv) $x=6$, $y=1$인 경우

순서쌍 $(a_1, a_2, a_3, \cdots, a_8)$의 개수는

0, 1, 1, 1, 1, 1, 1, 2를 일렬로 나열하는 경우의 수와 같으므로

$\dfrac{8!}{6!} = 56$

(v) $x=8$, $y=0$인 경우

순서쌍 $(a_1, a_2, a_3, \cdots, a_8)$의 개수는

1, 1, 1, 1, 1, 1, 1, 1을 일렬로 나열하는 경우의 수와 같으므로

1

(i)~(v)에서 구하는 모든 순서쌍의 개수는

$70 + 560 + 420 + 56 + 1 = 1107$

3

$_nC_r = _nC_{n-r}$ $(0 \leq r \leq n)$이므로

$$b_n = \sum_{k=1}^{n} {}_{2n-1}C_{n+k-1} = \sum_{k=1}^{n} {}_{2n-1}C_{(2n-1)-(n+k-1)}$$

$$= \sum_{k=1}^{n} {}_{2n-1}C_{n-k} = {}_{2n-1}C_{n-1} + {}_{2n-1}C_{n-2} + \cdots + {}_{2n-1}C_1 + {}_{2n-1}C_0$$

$$= \sum_{k=1}^{n} {}_{2n-1}C_{k-1} = a_n$$

이고

$$a_n + b_n = \sum_{k=1}^{n} {}_{2n-1}C_{k-1} + \sum_{k=1}^{n} {}_{2n-1}C_{n+k-1} = \sum_{k=1}^{2n} {}_{2n-1}C_{k-1} \qquad \cdots\cdots ㉠$$

다항식 $(1+x)^{2n-1}$의 전개식은

$$(1+x)^{2n-1} = {}_{2n-1}C_0 + {}_{2n-1}C_1 x + {}_{2n-1}C_2 x^2 + \cdots + {}_{2n-1}C_{2n-1} x^{2n-1} \qquad \cdots\cdots ㉡$$

㉡의 양변에 $x=1$을 대입하면

$$2^{2n-1} = {}_{2n-1}C_0 + {}_{2n-1}C_1 + {}_{2n-1}C_2 + \cdots + {}_{2n-1}C_{2n-1}$$

$$= \sum_{k=0}^{2n-1} {}_{2n-1}C_k = \sum_{k=1}^{2n} {}_{2n-1}C_{k-1} \qquad \cdots\cdots ㉢$$

㉠, ㉢에서 $a_n + b_n = 2^{2n-1}$

즉, $a_n = b_n = \dfrac{a_n + b_n}{2} = \dfrac{1}{2} \times 2^{2n-1} = 2^{2n-2}$이므로

$$f(n) = \log_4 (a_n b_n) = \log_4 (2^{2n-2} \times 2^{2n-2})$$

$$= \log_4 2^{2(2n-2)} = \log_4 4^{2n-2}$$

$$= (2n-2)\log_4 4 = 2n-2$$

따라서

$$\sum_{n=1}^{10} f(2n-1) = \sum_{n=1}^{10} \{2(2n-1)-2\} = \sum_{n=1}^{10} (4n-4)$$

$$= 4 \times \frac{10 \times 11}{2} - 4 \times 10 = 180$$

4

두 사건 A와 B가 서로 배반사건이므로 $A \cap B = \varnothing$

확률의 덧셈정리에 의하여 $P(A \cup B) = P(A) + P(B)$

이고 조건에서 $P(A) + P(B) = \dfrac{3}{8}$이므로 $P(A \cup B) = \dfrac{3}{8}$

$A^C \cap B^C = (A \cup B)^C$이므로

$$P(A^C \cap B^C) = P((A \cup B)^C) = 1 - P(A \cup B) = 1 - \frac{3}{8} = \frac{5}{8}$$

5

세 개의 동전을 동시에 던져서 모두 같은 면이 나오는 사건을 A라 하면

$$P(A) = \frac{2}{8} = \frac{1}{4}, \quad P(A^C) = 1 - P(A) = \frac{3}{4}$$

점 P의 좌표가 1이려면 사건 A가 A의 여사건 A^C보다 1번 더 많이 나와야 하므로 A가 3번, A^C이 2번 나와야 한다.

또한 5번째 시행 후 처음으로 점 P의 좌표가 1이려면 4번째 시행 후에 점 P의 좌표는 0이고 3번째 시행 후에 점 P의 좌표는 -1이어야 한다.

즉, 3번째 시행까지 A가 1번, A^C이 2번 나오고, 4번째, 5번째 시행에서 모두 A가 나와야 한다. 이때 첫 번째 시행에서 A가 나오면 점 P의 좌표가 1이 되므로 첫 번째 시행에서 A^C이 나와야 한다.

5번째 시행 후 점 P의 좌표가 처음으로 1인 경우는
$A^C A A^C A A$, $A^C A^C A A A$이므로 구하는 확률은
$$\left(\frac{3}{4}\times\frac{1}{4}\times\frac{3}{4}\times\frac{1}{4}\times\frac{1}{4}\right)+\left(\frac{3}{4}\times\frac{3}{4}\times\frac{1}{4}\times\frac{1}{4}\times\frac{1}{4}\right)$$
$$=2\times\left(\frac{1}{4}\right)^3\times\left(\frac{3}{4}\right)^2=\frac{9}{512}$$
따라서 $p=512$, $q=9$이므로 $p+q=521$

6

주머니에서 꺼낸 공에 적혀 있는 5개의 수의 합이 10인 경우는 순서를
생각하지 않으면
1, 1, 1, 2, 5 또는 1, 1, 1, 3, 4
또는 1, 1, 2, 2, 4 또는 1, 1, 2, 3, 3
또는 1, 2, 2, 2, 3 또는 2, 2, 2, 2, 2
이고, 각 경우의 수는
$$\frac{5!}{3!},\ \frac{5!}{3!},\ \frac{5!}{2!2!},\ \frac{5!}{2!2!},\ \frac{5!}{3!},\ \frac{5!}{5!}$$
이다. 따라서 구하는 확률은
$$\left(\frac{5!}{3!}+\frac{5!}{3!}+\frac{5!}{2!2!}+\frac{5!}{2!2!}+\frac{5!}{3!}+\frac{5!}{5!}\right)\times\left(\frac{1}{5}\right)^5=\frac{121}{5^5}$$

7

1부터 9까지의 자연수 중에서 짝수는 4개, 홀수는 5개이므로 확률변수
X가 갖는 값은 1, 2, 3, 4, 5이다.
또한 확률변수 X가 갖는 값에 대한 확률의 합은 1이므로
$$P(X>2)=1-\{P(X=1)+P(X=2)\}$$
이때
$$P(X=1)=\frac{{}_4C_4\times{}_5C_1}{{}_9C_5}=\frac{5}{126}$$
$$P(X=2)=\frac{{}_4C_3\times{}_5C_2}{{}_9C_5}=\frac{20}{63}$$
따라서 $P(X>2)=1-\left(\frac{5}{126}+\frac{20}{63}\right)=\frac{81}{126}=\frac{9}{14}$

8

함수 $f(x)$가 확률밀도함수이므로 함수 $y=f(x)$의 그래프와 x축으로
둘러싸인 부분의 넓이는 1이다.
즉, $\frac{1}{2}\times\{3-(-2)\}\times a=1$에서 $a=\frac{2}{5}$

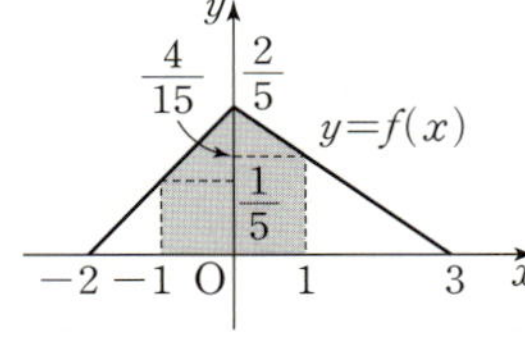

$$P(|X|\leq1)=P(-1\leq X\leq1)=P(-1\leq X\leq0)+P(0\leq X\leq1)$$
$$=\frac{1}{2}\times1\times\left(\frac{1}{5}+\frac{2}{5}\right)+\frac{1}{2}\times1\times\left(\frac{2}{5}+\frac{4}{15}\right)$$
$$=\frac{3}{10}+\frac{1}{3}=\frac{19}{30}$$
따라서 $a+P(|X|\leq1)=\frac{2}{5}+\frac{19}{30}=\frac{31}{30}$

9

8장의 카드가 들어 있는 상자에서 임의로 4장의 카드를 동시에 꺼내는
경우의 수는 ${}_8C_4=\frac{8\times7\times6\times5}{4\times3\times2\times1}=70$

(ⅰ) $b=2$일 때
$(a,\ b)=(1,\ 2)$이므로 모든 순서쌍 $(a,\ b,\ c,\ d)$의 개수는
$1\times{}_6C_2=1\times\frac{6\times5}{2\times1}=15$

(ⅱ) $b=3$일 때
$(a,\ b)=(1,\ 3),\ (2,\ 3)$이므로 모든 순서쌍 $(a,\ b,\ c,\ d)$의 개수는
$2\times{}_5C_2=2\times\frac{5\times4}{2\times1}=20$

(ⅲ) $b=4$일 때
$(a,\ b)=(1,\ 4),\ (2,\ 4)$이므로 모든 순서쌍 $(a,\ b,\ c,\ d)$의 개수는
$2\times{}_4C_2=2\times\frac{4\times3}{2}=12$

(ⅳ) $b=5$일 때
$(a,\ b)=(1,\ 5)$이므로 모든 순서쌍 $(a,\ b,\ c,\ d)$의 개수는
$1\times{}_3C_2=1\times3=3$

따라서 한 번의 시행에서 주어진 조건을 만족시킬 확률은
$$\frac{15+20+12+3}{70}=\frac{50}{70}=\frac{5}{7}$$
이므로 확률변수 X는 이항분포 $B\left(490,\ \frac{5}{7}\right)$를 따른다.
이때
$$E(X)=490\times\frac{5}{7}=350$$
$$V(X)=490\times\frac{5}{7}\times\frac{2}{7}=100$$
이고, 490은 충분히 큰 수이므로 확률변수 X는 근사적으로 정규분포
$N(350,\ 10^2)$을 따르고, $Z=\frac{X-350}{10}$으로 놓으면 확률변수 Z는 표
준정규분포 $N(0,\ 1)$을 따른다.
따라서
$$P(348\leq X\leq362)=P\left(\frac{348-350}{10}\leq Z\leq\frac{362-350}{10}\right)$$
$$=P(-0.2\leq Z\leq1.2)$$
$$=P(-0.2\leq Z\leq0)+P(0\leq Z\leq1.2)$$
$$=P(0\leq Z\leq0.2)+P(0\leq Z\leq1.2)$$
$$=0.0793+0.3849=0.4642$$

10

이 제과점에서 만든 빵 한 개의 무게를 확률변수 X라 하면 X는 정규
분포 $N(m,\ 10^2)$을 따른다.
이 제과점에서 만든 빵 중 n개를 임의추출하여 얻은 표본평균 $\overline{X}$는 정
규분포 $N\left(m,\ \frac{10^2}{n}\right)$을 따르고, $Z=\frac{\overline{X}-m}{\frac{10}{\sqrt{n}}}$으로 놓으면 확률변수 Z
는 표준정규분포 $N(0,\ 1)$을 따른다.
$$P(|\overline{X}-m|\leq4)=P\left(\left|\frac{\overline{X}-m}{\frac{10}{\sqrt{n}}}\right|\leq\frac{4}{\frac{10}{\sqrt{n}}}\right)=P\left(|Z|\leq\frac{2}{5}\sqrt{n}\right)\geq0.95$$

이때 $P(|Z|\leq 1.96)=0.95$이므로 $\frac{2}{5}\sqrt{n}\geq 1.96$이어야 한다.

$\sqrt{n}\geq 1.96\times\frac{5}{2}=4.9$, $n\geq 4.9^2=24.01$

따라서 자연수 n의 최솟값은 25이다.

11회 미니모의고사

본문 44~47쪽

1 ③	**2** ①	**3** ①	**4** ③
5 ③	**6** ①	**7** 551	**8** ⑤
9 ⑤	**10** 16		

1

남학생 2명과 여학생 3명이 모두 원형 탁자에 놓인 5개의 의자에 앉는 경우의 수는 $(5-1)!=24$

남학생 2명을 한 묶음으로 생각하여 4명의 학생이 원형 탁자에 놓인 의자에 앉는 경우의 수는 $(4-1)!=3!=6$

이때 남학생 2명이 서로 자리를 바꾸는 경우의 수는 $2!=2$

따라서 구하는 경우의 수는 $24-6\times 2=12$

2

함수 f의 치역과 공역이 일치하므로 $f(1)$, $f(2)$, $f(3)$, $f(4)$, $f(5)$의 값은 6, 7, 8, 9를 적어도 하나씩 가져야 한다.

$f(1)$, $f(2)$, $f(3)$, $f(4)$, $f(5)$의 값 중 6이 두 개인 경우

함수 f의 개수는 6, 6, 7, 8, 9를 일렬로 나열하는 경우의 수와 같으므로 $\frac{5!}{2!}=60$

같은 방법으로 $f(1)$, $f(2)$, $f(3)$, $f(4)$, $f(5)$의 값 중 7이 두 개인 경우, 8이 두 개인 경우, 9가 두 개인 경우의 함수 f의 개수는 각각 60이다.

따라서 구하는 함수 f의 개수는 $60\times 4=240$

3

조건 (가)에서 집합 X의 임의의 두 원소 a, b에 대하여 $a<b$이면 $f(a)\leq f(b)$이므로

$f(1)\leq f(2)\leq f(3)\leq f(4)\leq f(5)$

이고 함수 f의 공역이 X이므로

$1\leq f(1)\leq f(2)\leq f(3)\leq f(4)\leq f(5)\leq 5$ $\quad\cdots\cdots$ ㉠

즉, 집합 X에 대하여 조건 (가)를 만족시키는 모든 함수 $f:X\longrightarrow X$의 개수는 ㉠을 만족시키는 정수 $f(1)$, $f(2)$, $f(3)$, $f(4)$, $f(5)$의 모든 순서쌍 $(f(1), f(2), f(3), f(4), f(5))$의 개수와 같고 이는 1 이상 5 이하의 정수에서 중복을 허락하여 5개를 택하는 중복조합의 수와 같으므로

$_5H_5={}_{5+5-1}C_5={}_9C_5={}_9C_4=126$

이때 조건 (가), (나)를 모두 만족시키는 함수 f의 개수는 조건 (가)를 만족시키는 함수 f의 개수에서 $f(1)=f(3)$을 만족시키는 함수 f의 개수를 뺀 것과 같다.

$f(1)=f(3)$이고 조건 (가)를 만족시키려면 $f(1)=f(2)=f(3)$이어야 한다. 이 값을 k라 하면 $1\leq k\leq f(4)\leq f(5)\leq 5$

이고 이를 만족시키는 함수 f의 개수는 1 이상 5 이하의 정수에서 중복을 허락하여 3개를 택하는 중복조합의 수와 같으므로

$_5H_3={}_{5+3-1}C_3={}_7C_3=35$

따라서 구하는 함수 f의 개수는 $126-35=91$

4

숫자 2, 2, 3, 4, 4를 일렬로 나열하여 만들 수 있는 모든 다섯 자리의 자연수의 개수는 $\frac{5!}{2!2!}=30$

일의 자리의 수가 2, 3인 사건을 각각 A, B라 하자.

(i) 일의 자리의 수가 2인 경우

남은 2, 3, 4, 4를 일렬로 나열하는 경우의 수는 $\frac{4!}{2!}=12$이므로

$P(A)=\frac{12}{30}=\frac{2}{5}$

(ii) 일의 자리의 수가 3인 경우

남은 2, 2, 4, 4를 일렬로 나열하는 경우의 수는 $\frac{4!}{2!2!}=6$이므로

$P(B)=\frac{6}{30}=\frac{1}{5}$

이때 두 사건 A와 B는 서로 배반사건이므로 구하는 확률은

$P(A\cup B)=P(A)+P(B)=\frac{2}{5}+\frac{1}{5}=\frac{3}{5}$

5

집합 $X=\{1, 2, 3, 4\}$에서 집합 $Y=\{1, 2, 3\}$으로의 모든 함수 f의 개수는 $_3\Pi_4=3^4=81$

임의로 선택한 함수 f가 $f(1)+f(2)+f(3)>f(4)+1$인 사건을 A라 하면 A의 여사건 A^c은 임의로 선택한 함수 f가 $f(1)+f(2)+f(3)\leq f(4)+1$인 사건이다.

사건 A^c은 다음 경우로 나누어 생각할 수 있다.

(i) $f(4)=1$인 경우

$f(1)+f(2)+f(3)\leq f(4)+1$에서

$f(1)+f(2)+f(3)\leq 2$ $\quad\cdots\cdots$ ㉠

$f(1)$, $f(2)$, $f(3)$은 모두 1 이상의 자연수이므로 ㉠을 만족시키는 함수 f는 존재하지 않는다.

(ii) $f(4)=2$인 경우

$f(1)+f(2)+f(3)\leq f(4)+1$에서

$f(1)+f(2)+f(3)\leq 3$ $\quad\cdots\cdots$ ㉡

$f(1)$, $f(2)$, $f(3)$은 모두 1 이상의 자연수이므로 ㉡을 만족시키려면 $f(1)=f(2)=f(3)=1$이다.

즉, 함수 f의 개수는 1이다.

(iii) $f(4)=3$인 경우

$f(1)+f(2)+f(3)\leq f(4)+1$에서

$f(1)+f(2)+f(3)\leq 4$ $\quad\cdots\cdots$ ㉢

$f(1)$, $f(2)$, $f(3)$은 모두 1 이상 3 이하의 자연수이므로 ⓒ을 만족시키려면 $f(1)=f(2)=f(3)=1$이거나 $f(1)$, $f(2)$, $f(3)$ 중 두 개는 1, 나머지 한 개는 2이어야 한다.

$f(1)=f(2)=f(3)=1$인 함수 f의 개수는 1,

$f(1)$, $f(2)$, $f(3)$ 중 두 개는 1, 나머지 한 개는 2인 함수 f의 개수는 $_3C_2=3$이므로

구하는 함수 f의 개수는 $1+3=4$

(i), (ii), (iii)에서 $n(A^C)=0+1+4=5$이므로

$$P(A^C)=\frac{5}{81}$$

따라서 구하는 확률은

$$P(A)=1-P(A^C)$$
$$=1-\frac{5}{81}=\frac{76}{81}$$

6

[시행 1], [시행 2], [시행 3]을 모두 마친 후 세 번째 칸에 적은 수가 7 이상인 사건을 A, 두 번째 칸에 적은 수가 홀수인 사건을 B라 하면 구하는 확률은 $P(B|A)$이다.

먼저 $P(A)$의 값을 구해 보자.

(i) 첫 번째 칸에 적은 수가 1인 경우

첫 번째 시행에서 한 개의 동전을 세 번 던져서 모두 같은 면이 나오고, 두 번째 시행에서 주사위의 5 또는 6의 눈이 나오고, 세 번째 시행에서 동전의 앞면이 나와야 세 번째 칸에 적은 수가 7 이상이 되므로 이 경우의 확률은

$$\frac{1}{4}\times\frac{1}{3}\times\frac{1}{2}=\frac{1}{24}$$

(ii) 첫 번째 칸에 적은 수가 2인 경우

먼저 첫 번째 시행에서 한 개의 동전을 세 번 던져서 모두 같은 면이 나오지 않아야 한다. 이때 두 번째 시행에서 주사위의 3 또는 4 또는 5의 눈이 나오면 세 번째 시행에서 동전의 앞면이 나와야 세 번째 칸에 적은 수가 7이상이 되고, 두 번째 시행에서 주사위의 6의 눈이 나오면 세 번째 시행과 관계없이 세 번째 칸에 적은 수가 7 이상이 되므로 이 경우의 확률은

$$\frac{3}{4}\times\left(\frac{1}{2}\times\frac{1}{2}+\frac{1}{6}\times1\right)=\frac{5}{16}$$

(i), (ii)에 의하여 $P(A)=\frac{1}{24}+\frac{5}{16}=\frac{17}{48}$

한편, 첫 번째 칸에 적은 수가 1이면 두 번째 칸에 적은 수가 항상 짝수이므로 두 번째 칸에 적은 수가 홀수이려면 첫 번째 칸에 적은 수가 2이어야 한다.

이때 세 번째 칸에 적은 수가 7 이상인 경우는 두 번째 시행에서 주사위의 3 또는 5의 눈이 나오고 세 번째 시행에서 동전의 앞면이 나오는 경우이므로

$$P(A\cap B)=\frac{3}{4}\times\frac{1}{3}\times\frac{1}{2}=\frac{1}{8}$$

따라서 구하는 확률은

$$P(B|A)=\frac{P(A\cap B)}{P(A)}=\frac{\frac{1}{8}}{\frac{17}{48}}=\frac{6}{17}$$

7

처음에 점 P가 점 A에 있을 때 $X=0$이라 하고 시곗바늘이 도는 방향으로 1만큼 이동할 때 X의 값에 $+1$, 시곗바늘이 도는 반대 방향으로 1만큼 이동할 때 X의 값에 -1을 더하면 주사위를 10번 던질 때 점 P가 점 A에 있는 경우 X의 값은 -8, 0, 8인 경우이고, 점 F에 있는 경우 X의 값은 -3, 5인 경우이다.

사건 S에서 X의 값이 -8, 8, 0인 경우의 사건을 각각 S_1, S_2, S_3이라 하고 사건 T가 동시에 일어나는 경우의 확률을 각각 구해 보자.

(i) $X=-8$인 경우

점 P가 시곗바늘이 도는 반대 방향으로 정팔각형을 한 바퀴 이동하여 다시 점 A로 오는 경우이므로 반드시 점 F를 지나게 된다.

즉, 사건 S_1은 사건 T에 포함된다.

사건 S_1은 10번의 시행 중 3의 배수의 눈이 1번, 3의 배수가 아닌 눈이 9번 나오는 사건이므로

$$P(S_1\cap T)=P(S_1)=_{10}C_1\left(\frac{1}{3}\right)^1\left(\frac{2}{3}\right)^9=\frac{10\times2^9}{3^{10}}=\frac{5120}{3^{10}}$$

(ii) $X=8$인 경우

점 P가 시곗바늘이 도는 방향으로 정팔각형을 한 바퀴 이동하여 다시 점 A로 오는 경우이므로 반드시 점 F를 지나게 된다.

즉, 사건 S_2는 사건 T에 포함된다.

사건 S_2는 10번의 시행 중 3의 배수의 눈이 9번, 3의 배수가 아닌 눈이 1번 나오는 사건이므로

$$P(S_2\cap T)=P(S_2)=_{10}C_1\left(\frac{1}{3}\right)^9\left(\frac{2}{3}\right)^1=\frac{10\times2}{3^{10}}=\frac{20}{3^{10}}$$

(iii) $X=0$인 경우

점 P에 대하여 X의 값이 적어도 한 번 5가 되는 사건을 T_1, X의 값이 적어도 한 번 -3이 되는 사건을 T_2라 하면 10회의 시행에서 T_1과 T_2가 동시에 일어날 수는 없다.

(a) $S_3\cap T_1$이 일어나는 경우

10번의 시행에서 3의 배수의 눈이 연속 5번 나오고 다음으로 3의 배수가 아닌 눈이 연속 5번 나와야 하므로 그 확률은

$$P(S_3\cap T_1)=\left(\frac{1}{3}\right)^5\times\left(\frac{2}{3}\right)^5=\frac{32}{3^{10}}$$

(b) $S_3\cap T_2$가 일어나는 경우

10번의 시행 후 $X=0$이 되어야 하므로 3회, 5회, 7회 시행 후에 처음으로 $X=-3$이 되는 경우가 가능하다.

3회 시행 후 처음으로 $X=-3$이 되는 경우 나머지 7회의 시행에서 3의 배수의 눈이 5번, 3의 배수가 아닌 눈이 2번 나와야 하므로 그 확률은

$$\left(\frac{2}{3}\right)^3\times_7C_5\left(\frac{1}{3}\right)^5\left(\frac{2}{3}\right)^2=\frac{8\times21\times4}{3^{10}}=\frac{672}{3^{10}}$$

5회 시행 후 처음으로 $X=-3$이 되는 경우 3회의 시행까지 3의 배수의 눈이 1번, 3의 배수가 아닌 눈이 2번 나오고 연속으로 3의 배수가 아닌 눈이 2번 나온 후 나머지 5회의 시행에서 3의 배수의 눈이 4번, 3의 배수가 아닌 눈이 1번 나와야 하므로 그 확률은

$$_3C_1\left(\frac{1}{3}\right)^1\left(\frac{2}{3}\right)^2\times\left(\frac{2}{3}\right)^2\times_5C_4\left(\frac{1}{3}\right)^4\left(\frac{2}{3}\right)^1=\frac{480}{3^{10}}$$

7회 시행 후 처음으로 $X=-3$이 되는 경우 5회의 시행에서 $X=-1$이고 6, 7회의 시행에서 연속으로 3의 배수가 아닌 눈이 2번 나오고, 나머지 3번은 3의 배수의 눈이 나와야 한다. 처음 5회의 시행에서 3의 배수의 눈이 2번, 3의 배수가 아닌 눈이 3번 나와야 하고 이때 3의 배수가 아닌 눈이 먼저 연속 3번 나오는 경우는 제외하여야 하므로 구하는 확률은

$$({}_5\mathrm{C}_2-1)\left(\frac{1}{3}\right)^2\left(\frac{2}{3}\right)^3\times\left(\frac{2}{3}\right)^2\times\left(\frac{1}{3}\right)^3=\frac{288}{3^{10}}$$

(a), (b)에서

$$\mathrm{P}(S_3\cap T)=\frac{32}{3^{10}}+\frac{672}{3^{10}}+\frac{480}{3^{10}}+\frac{288}{3^{10}}=\frac{1472}{3^{10}}$$

(i), (ii), (iii)에서 구하는 확률은

$$\frac{5120}{3^{10}}+\frac{20}{3^{10}}+\frac{1472}{3^{10}}=\frac{6612}{3^{10}}=\frac{2204}{3^9}$$

$\dfrac{4p}{3^9}=\dfrac{2204}{3^9}$에서 $p=551$

8

이산확률변수 X가 갖는 모든 값에 대한 확률의 합은 1이므로
$\mathrm{P}(X=1)+\mathrm{P}(X=2)+\mathrm{P}(X=3)+\cdots+\mathrm{P}(X=9)=1$
수열 $\{\mathrm{P}(X=n)\}$이 공차가 d인 등차수열이므로

$$\frac{9\times\{\mathrm{P}(X=1)+\mathrm{P}(X=9)\}}{2}=1$$

$$\frac{9\times2\mathrm{P}(X=5)}{2}=1$$

$$\mathrm{P}(X=5)=\frac{1}{9}$$

한편, $d>0$이므로
$\mathrm{P}(X=1)<\mathrm{P}(X=2)<\mathrm{P}(X=3)<\cdots<\mathrm{P}(X=9)$
또 $\mathrm{P}(X=1)=\mathrm{P}(X=5)-4d=\dfrac{1}{9}-4d$

$\mathrm{P}(X=1)\geq0$이므로 $\dfrac{1}{9}-4d\geq0$에서 $d\leq\dfrac{1}{36}$

따라서 d의 최댓값은 $\dfrac{1}{36}$이다.

$d=\dfrac{1}{36}$일 때

$$\mathrm{P}(X=1)=\frac{1}{9}-4\times\frac{1}{36}=0$$

9 이하의 자연수 n에 대하여

$$\mathrm{P}(X=n)=0+(n-1)\times\frac{1}{36}=\frac{n-1}{36}$$

즉,

$$\mathrm{E}(X)=\sum_{n=1}^{9}\{n\times\mathrm{P}(X=n)\}=\sum_{n=1}^{9}\left(n\times\frac{n-1}{36}\right)=\frac{1}{36}\sum_{n=1}^{9}(n^2-n)$$

$$=\frac{1}{36}\times\left(\frac{9\times10\times19}{6}-\frac{9\times10}{2}\right)=\frac{20}{3}$$

9

주어진 함수의 그래프와 x축 및 직선 $x=3$으로 둘러싸인 부분의 넓이가 1이어야 하므로

$$\frac{1}{2}\times k\times\frac{1}{2}+\frac{1}{2}\times(3-k)=1, \ k+(6-2k)=4, \ k=2$$

한편, 두 점 $(0,0)$, $\left(2,\dfrac{1}{2}\right)$을 지나는 직선의 방정식은 $y=\dfrac{1}{4}x$이므로

$x=1$일 때, $y=\dfrac{1}{4}$

따라서

$$\mathrm{P}(1\leq X\leq3)=1-\mathrm{P}(0\leq X\leq1)=1-\frac{1}{2}\times1\times\frac{1}{4}=\frac{7}{8}$$

10

이 상자에서 임의로 꺼낸 한 장의 카드에 적혀 있는 수를 확률변수 X라 할 때, 확률변수 X의 확률분포를 표로 나타내면 다음과 같다.

X	0	1	2	a	합계
$\mathrm{P}(X=x)$	$\dfrac{4}{n+8}$	$\dfrac{2}{n+8}$	$\dfrac{n}{n+8}$	$\dfrac{2}{n+8}$	1

상자에서 꺼낸 첫 번째 카드에 적혀 있는 수를 X_1, 두 번째 카드에 적혀 있는 수를 X_2라 하자.
$\overline{X}=1$인 경우는 (X_1, X_2)가
$(1, 1)$, $(0, 2)$, $(2, 0)$일 때이므로

$$\mathrm{P}(\overline{X}=1)=\frac{2\times2+4\times n+n\times4}{(n+8)^2}=\frac{8n+4}{(n+8)^2}$$

$a>2$이므로 $\overline{X}=a$인 경우는 (X_1, X_2)가
(a, a)일 때이므로

$$\mathrm{P}(\overline{X}=a)=\frac{2\times2}{(n+8)^2}=\frac{4}{(n+8)^2}$$

$\overline{X}=2$인 경우는 a의 값에 따라 다음과 같이 나눌 수 있다.

(i) $a\neq3$, $a\neq4$일 때
$\overline{X}=2$인 경우는 (X_1, X_2)가 $(2, 2)$일 때이므로

$$\mathrm{P}(\overline{X}=2)=\frac{n\times n}{(n+8)^2}=\frac{n^2}{(n+8)^2}$$

$\mathrm{P}(\overline{X}=1)=\mathrm{P}(\overline{X}=2)+\mathrm{P}(\overline{X}=a)$에서
$8n+4=n^2+4$, $n(n-8)=0$
n은 자연수이므로 $n=8$
이때

$$\mathrm{E}(X)=0\times\frac{4}{16}+1\times\frac{2}{16}+2\times\frac{8}{16}+a\times\frac{2}{16}=\frac{1}{8}a+\frac{9}{8}$$

$\mathrm{E}(\overline{X})=\mathrm{E}(X)$이고 $Y=X_1+X_2=2\overline{X}$이므로

$$\mathrm{E}(Y)=\mathrm{E}(2\overline{X})=2\mathrm{E}(\overline{X})=2\mathrm{E}(X)=\frac{1}{4}a+\frac{9}{4}$$

이고 조건 (나)에서 $\mathrm{E}(Y)=3$이므로

$\dfrac{1}{4}a+\dfrac{9}{4}=3$, 즉 $a=3$

이 되어 $a\neq3$이라는 조건에 모순이다.

(ii) $a=3$일 때
$\overline{X}=2$인 경우는 (X_1, X_2)가 $(2, 2)$, $(1, 3)$, $(3, 1)$일 때이므로

$$\mathrm{P}(\overline{X}=2)=\frac{n\times n+2\times2+2\times2}{(n+8)^2}=\frac{n^2+8}{(n+8)^2}$$

$\mathrm{P}(\overline{X}=1)=\mathrm{P}(\overline{X}=2)+\mathrm{P}(\overline{X}=a)$에서
$8n+4=(n^2+8)+4$, $n^2-8n+8=0$
이 등식을 만족시키는 자연수 n은 존재하지 않는다.

(iii) $a=4$일 때
$\overline{X}=2$인 경우는 (X_1, X_2)가 $(2, 2)$, $(0, 4)$, $(4, 0)$일 때이므로

$$P(\overline{X}=2)=\frac{n\times n+4\times2+2\times4}{(n+8)^2}=\frac{n^2+16}{(n+8)^2}$$

$P(\overline{X}=1)=P(\overline{X}=2)+P(\overline{X}=a)$에서

$8n+4=(n^2+16)+4,\ (n-4)^2=0,\ n=4$

이때

$$E(X)=0\times\frac{4}{12}+1\times\frac{2}{12}+2\times\frac{4}{12}+4\times\frac{2}{12}=\frac{3}{2}$$

$E(\overline{X})=E(X)$이고 $Y=X_1+X_2=2\overline{X}$이므로

$E(Y)=E(2\overline{X})=2E(\overline{X})=2E(X)=3$

즉, 조건 (나)를 만족시킨다.

(i), (ii), (iii)에서 $a=4$, $n=4$이므로

$a\times n=4\times4=16$

12회 미니모의고사

1 ④	**2** ⑤	**3** ④	**4** ②
5 ①	**6** 28	**7** ②	**8** ④
9 ④	**10** 32		

1

그림의 (가)에 칠할 색을 정하는 경우의 수는 $_9C_1=9$

나머지 8가지 색 중 그림의 (나), (다), (라), (마)에 칠할 4가지 색을 정하는 경우의 수는 $_8C_4=\dfrac{8!}{4!\times4!}$

이 4가지 색을 원형으로 배열하는 경우의 수는 $(4-1)!=3!=6$

남은 4가지 색을 칠하는 경우의 수는 $4!$

따라서 구하는 경우의 수는

$$9\times\frac{8!}{4!\times4!}\times6\times4!=\frac{9!}{4!}\times6=\frac{9!}{4}$$

2

같은 숫자가 적혀 있는 카드를 최대 3장 선택할 수 있고 카드를 선택함과 동시에 나열하는 순서가 결정되므로 구하는 경우의 수는 서로 다른 5종류의 카드 중에서 중복을 허락하여 4장을 택하는 중복조합의 수에서 같은 종류의 카드를 4장 택하는 경우의 수를 뺀 것과 같다.

서로 다른 5종류의 카드 중에서 중복을 허락하여 4장을 택하는 중복조합의 수는

$$_5H_4=_{5+4-1}C_4=_8C_4=\frac{8\times7\times6\times5}{4\times3\times2\times1}=70$$

서로 다른 5종류의 카드 중에서 같은 종류의 카드를 4장 택하는 경우의 수는 $_5C_1=5$

따라서 구하는 경우의 수는 $70-5=65$

3

조건 (나)에서 x에 대한 이차방정식 $x^2-cx+4=0$의 두 근이 a, b이므로 이차방정식의 근과 계수의 관계에 의하여

$a+b=c,\ ab=4$

이때 a, b는 음이 아닌 정수이므로

$a=1$, $b=4$ 또는 $a=2$, $b=2$ 또는 $a=4$, $b=1$

(i) $a=1$, $b=4$일 때 $c=1+4=5$이므로 $d+e+f=10$

방정식 $d+e+f=10$을 만족시키는 음이 아닌 정수 d, e, f의 모든 순서쌍 $(d,\ e,\ f)$의 개수는 서로 다른 3개에서 10개를 택하는 중복조합의 수와 같으므로

$$_3H_{10}=_{3+10-1}C_{10}=_{12}C_{10}=_{12}C_2=\frac{12\times11}{2\times1}=66$$

(ii) $a=2$, $b=2$일 때 $c=2+2=4$이므로 $d+e+f=12$

방정식 $d+e+f=12$를 만족시키는 음이 아닌 정수 d, e, f의 모든 순서쌍 $(d,\ e,\ f)$의 개수는 서로 다른 3개에서 12개를 택하는 중복조합의 수와 같으므로

$$_3H_{12}=_{3+12-1}C_{12}=_{14}C_{12}=_{14}C_2=\frac{14\times13}{2\times1}=91$$

(iii) $a=4$, $b=1$일 때 $c=4+1=5$이므로 $d+e+f=10$

(i)과 같은 방법으로 순서쌍 $(d,\ e,\ f)$의 개수는 66

(i), (ii), (iii)에서 구하는 순서쌍의 개수는

$66+91+66=223$

4

B, C가 적혀 있는 카드가 각각 1장, K가 적혀 있는 카드가 2장, O가 적혀 있는 카드가 4장이고 이 8장의 카드를 일렬로 나열하는 경우의 수는

$$\frac{8!}{2!\times4!}=840$$

O가 적힌 4장의 카드가 처음부터 연속하여 나열되는 경우의 수는 O가 적혀 있는 카드 4장를 제외한 B, C가 적혀 있는 카드 각각 1장, K가 적혀 있는 카드 2장이 일렬로 나열되는 경우의 수와 같으므로

$$\frac{4!}{2!}=12$$

따라서 구하는 확률은

$$\frac{12}{840}=\frac{1}{70}$$

5

함수 f는 집합 X에서 X로의 일대일대응이어야 하므로

함수 f의 개수는 $_4P_4=4!=24$

함수 $f\circ f$가 항등함수가 되는 사건을 A, 함수 $f\circ f\circ f$가 항등함수가 되는 사건을 B라 하면 구하는 확률은 $P(A\cup B)$이다.

(i) 함수 $f\circ f$가 항등함수가 되는 경우

집합 X의 두 원소 x, y에 대하여 $f(x)=y$일 때,

$(f\circ f)(x)=f(f(x))=f(y)=x$이어야 하므로

1, 2, 3, 4의 4개의 원소를 2개씩 묶어 2묶음으로 나누는 경우의 수는 $_4C_2\times_2C_2\times\dfrac{1}{2!}=3$

이 각각에 대하여 선택한 서로 다른 두 원소 x, y가 $f(x)=x$, $f(y)=y$ 또는 $f(x)=y$, $f(y)=x$이고, 이때 함수 f가 항등함수인 경우를 제외하면

항등함수가 아닌 함수 f의 개수는 $3 \times ({}_2C_1 \times {}_2C_1 - 1) = 9$

한편, 함수 f가 항등함수이면 함수 $f \circ f$도 항등함수가 되므로

$$P(A) = \frac{9+1}{24} = \frac{5}{12}$$

(ii) 함수 $f \circ f \circ f$가 항등함수가 되는 경우

집합 X의 임의의 원소 x에 대하여 $f(x)=x$일 때,

$(f \circ f \circ f)(x)=x$이므로 조건을 만족시킨다. $\qquad$ …… ㉠

집합 X의 서로 다른 두 원소 x, y에 대하여 $f(x)=y$일 때, $f(y)=x$이면

$$\begin{aligned}(f \circ f \circ f)(x) &= (f \circ f)(f(x)) = (f \circ f)(y) \\ &= f(f(y)) = f(x) = y \neq x\end{aligned}$$

이므로 조건을 만족시키지 않는다. 즉, $f(y) \neq x$이어야 한다.

$z \neq x$, $z \neq y$인 집합 X의 원소 z에 대하여 $f(y)=z$일 때,

$$\begin{aligned}(f \circ f \circ f)(x) &= (f \circ f)(f(x)) = (f \circ f)(y) \\ &= f(f(y)) = f(z) = x\end{aligned}$$

이므로 집합 X의 서로 다른 세 원소 x, y, z에 대하여 $f(x)=y$, $f(y)=z$, $f(z)=x$가 성립해야 한다.

또는 마찬가지 방법으로 $f(x)=z$일 때, $f(z)=y$, $f(y)=x$가 성립해야 한다.

이때 나머지 한 개의 원소를 w라 하면 $f(w)=w$이어야 한다.

1, 2, 3, 4의 4개의 원소 중 3개의 원소를 선택하는 경우의 수는 ${}_4C_3 = 4$이고,

이 각각에 대하여 선택한 세 원소 x, y, z가

$f(x)=y$, $f(y)=z$, $f(z)=x$ 또는

$f(x)=z$, $f(y)=x$, $f(z)=y$일 수 있으므로

함수 f의 개수는 $4 \times 2 = 8$ $\qquad$ …… ㉡

그러므로 ㉠, ㉡에서 $P(B) = \frac{1+8}{24} = \frac{9}{24} = \frac{3}{8}$

(iii) 두 함수 $f \circ f$와 $f \circ f \circ f$가 모두 항등함수가 되는 경우

집합 X의 모든 원소 x에 대하여 $f(x)=x$일 때, 두 함수 $f \circ f$와 $f \circ f \circ f$가 모두 항등함수가 되므로 $P(A \cap B) = \frac{1}{24}$

(i), (ii), (iii)에서 구하는 확률은 확률의 덧셈정리에 의하여

$$\begin{aligned}P(A \cup B) &= P(A) + P(B) - P(A \cap B) \\ &= \frac{5}{12} + \frac{3}{8} - \frac{1}{24} = \frac{3}{4}\end{aligned}$$

6

표본공간을 S라 하면 $S = \{1, 2, 3, 4, 5, 6\}$

이때 사건 A는 $A = \{1, 2, 3\}$

두 사건 A와 B가 서로 독립이므로

$$P(A \cap B) = P(A)P(B)$$

$$\frac{n(A \cap B)}{n(S)} = \frac{n(A)}{n(S)} \times \frac{n(B)}{n(S)}$$

$$\frac{n(A \cap B)}{6} = \frac{3}{6} \times \frac{n(B)}{6}$$

$$2 \times n(A \cap B) = n(B) \qquad \text{…… ㉠}$$

이때 $n(B) \neq 0$이므로 다음 각 경우로 나눌 수 있다.

(i) $n(A \cap B) = 1$일 때, ㉠에서 $n(B) = 2$

이때 $A = \{1, 2, 3\}$이므로 사건 B는 $\{1, 6\}$

그러므로 $p = 1$, $q = 6$

(ii) $n(A \cap B) = 2$일 때, ㉠에서 $n(B) = 4$

이때 $A = \{1, 2, 3\}$이므로 사건 B는 $\{1, 2, 5, 6\}$

그러므로 $p = 2$, $q = 5$

(iii) $n(A \cap B) = 3$일 때, ㉠에서 $n(B) = 6$

이때 $A = \{1, 2, 3\}$이므로 사건 B는 $\{1, 2, 3, 4, 5, 6\}$

그러므로 $p = 3$, $q = 4$

따라서 모든 순서쌍 (p, q)는 $(1, 6)$, $(2, 5)$, $(3, 4)$이므로 서로 다른 모든 pq의 값의 합은

$$1 \times 6 + 2 \times 5 + 3 \times 4 = 28$$

7

주머니에서 4개의 공을 꺼내는 경우의 수는

$${}_9C_4 = \frac{9 \times 8 \times 7 \times 6}{4 \times 3 \times 2 \times 1} = 126$$

확률변수 X가 가질 수 있는 값은 0, 1, 2, 3, 4이므로

$$P(X < 3) = 1 - \{P(X=3) + P(X=4)\}$$

주머니에는 홀수가 적혀 있는 공이 5개, 짝수가 적혀 있는 공이 4개 들어 있으므로

$$P(X=3) = \frac{{}_5C_3 \times {}_4C_1}{{}_9C_4} = \frac{10 \times 4}{126} = \frac{20}{63}$$

$$P(X=4) = \frac{{}_5C_4}{{}_9C_4} = \frac{5}{126}$$

따라서 구하는 확률은

$$\begin{aligned}P(X < 3) &= 1 - \left(\frac{20}{63} + \frac{5}{126}\right) \\ &= \frac{81}{126} = \frac{9}{14}\end{aligned}$$

8

확률변수 X가 갖는 값은 1, 2, 3, 4이다.

(i) $X = 1$일 때, 첫 번째에 검은 공을 꺼내는 경우이므로

$$P(X=1) = \frac{2}{5}$$

(ii) $X = 2$일 때, 첫 번째에 흰 공을 꺼내고 두 번째에 검은 공을 꺼내는 경우이므로

$$P(X=2) = \frac{3}{5} \times \frac{2}{4} = \frac{3}{10}$$

(iii) $X = 3$일 때, 첫 번째와 두 번째에 흰 공을 꺼내고 세 번째에 검은 공을 꺼내는 경우이므로

$$P(X=3) = \frac{3}{5} \times \frac{2}{4} \times \frac{2}{3} = \frac{1}{5}$$

(iv) $X = 4$일 때, 첫 번째, 두 번째, 세 번째에 흰 공을 꺼내고 네 번째에 검은 공을 꺼내는 경우이므로

$$P(X=4) = \frac{3}{5} \times \frac{2}{4} \times \frac{1}{3} \times \frac{2}{2} = \frac{1}{10}$$

$(i)\sim(iv)$에 의하여 확률변수 X의 확률분포를 표로 나타내면 다음과 같다.

X	1	2	3	4	합계
$P(X=x)$	$\dfrac{2}{5}$	$\dfrac{3}{10}$	$\dfrac{1}{5}$	$\dfrac{1}{10}$	1

$$E(X)=1\times\frac{2}{5}+2\times\frac{3}{10}+3\times\frac{1}{5}+4\times\frac{1}{10}=2$$
$$E(X^2)=1^2\times\frac{2}{5}+2^2\times\frac{3}{10}+3^2\times\frac{1}{5}+4^2\times\frac{1}{10}=5$$
$$V(X)=E(X^2)-\{E(X)\}^2=5-2^2=1$$
이때
$$E(3X+1)=3E(X)+1=3\times2+1=7$$
$$V(3X+1)=9V(X)=9\times1=9$$
따라서
$$E(3X+1)+V(3X+1)=7+9=16$$

9

확률변수 X가 정규분포 $N(m,\sigma^2)$을 따르므로 $Z=\dfrac{X-m}{\sigma}$으로 놓으면 확률변수 Z는 표준정규분포 $N(0,1)$을 따른다.

$$F(a)+F(b)=P(X\leq a)+P(X\leq b)$$
$$=P\left(Z\leq\frac{a-m}{\sigma}\right)+P\left(Z\leq\frac{b-m}{\sigma}\right)$$
$$=1$$
에서
$$P\left(Z\leq\frac{b-m}{\sigma}\right)=1-P\left(Z\leq\frac{a-m}{\sigma}\right)$$
$$=P\left(Z\geq\frac{a-m}{\sigma}\right)$$
이므로 $\dfrac{b-m}{\sigma}=-\dfrac{a-m}{\sigma}$

따라서 $b=2m-a$ ...... ㉠

$$F(a)-F(b)=P(X\leq a)-P(X\leq b)=P(b\leq X\leq a)$$
$$=P\left(\frac{b-m}{\sigma}\leq Z\leq\frac{a-m}{\sigma}\right)$$
$$=P\left(-\frac{a-m}{\sigma}\leq Z\leq\frac{a-m}{\sigma}\right)$$
$$=2P\left(0\leq Z\leq\frac{a-m}{\sigma}\right)=0.3830$$

이므로 $P\left(0\leq Z\leq\dfrac{a-m}{\sigma}\right)=0.1915$

즉, $\dfrac{a-m}{\sigma}=0.5$이므로

$a=m+0.5\sigma$

㉠에서 $b=2m-(m+0.5\sigma)=m-0.5\sigma$

따라서
$$F(2a-b)=F(2(m+0.5\sigma)-(m-0.5\sigma))=F(m+1.5\sigma)$$
$$=P(X\leq m+1.5\sigma)=P\left(Z\leq\frac{(m+1.5\sigma)-m}{\sigma}\right)$$
$$=P(Z\leq1.5)=0.5+P(0\leq Z\leq1.5)$$
$$=0.5+0.4332=0.9332$$

10

$$E(\overline{X})=m,\ \sigma(\overline{X})=\frac{\sigma}{5}$$

이므로 확률변수 $\overline{X}$는 정규분포 $N\left(m,\left(\dfrac{\sigma}{5}\right)^2\right)$을 따르고,

$$E(\overline{Y})=\frac{m}{3},\ \sigma(\overline{Y})=\frac{\sigma}{5}$$

이므로 확률변수 $\overline{Y}$는 정규분포 $N\left(\dfrac{m}{3},\left(\dfrac{\sigma}{5}\right)^2\right)$을 따른다.

이때 $Z_1=\dfrac{\overline{X}-m}{\dfrac{\sigma}{5}}$, $Z_2=\dfrac{\overline{Y}-\dfrac{m}{3}}{\dfrac{\sigma}{5}}$으로 놓으면

두 확률변수 Z_1,Z_2는 모두 표준정규분포 $N(0,1)$을 따른다.

$P(\overline{X}\geq20)=P(\overline{Y}\leq20)$이므로

$$P\left(Z_1\geq\frac{20-m}{\dfrac{\sigma}{5}}\right)=P\left(Z_2\leq\frac{20-\dfrac{m}{3}}{\dfrac{\sigma}{5}}\right)$$

$$P\left(Z_1\geq\frac{5}{\sigma}(20-m)\right)=P\left(Z_2\leq\frac{5}{\sigma}\left(20-\frac{m}{3}\right)\right)$$에서

$$\frac{5}{\sigma}(20-m)=-\frac{5}{\sigma}\left(20-\frac{m}{3}\right)$$

$$20-m=-\left(20-\frac{m}{3}\right)$$

$m=30$

또한 $P(\overline{X}\leq m+\sigma)=P(\overline{Y}\leq12)$이므로

$$P\left(Z_1\leq\frac{(m+\sigma)-m}{\dfrac{\sigma}{5}}\right)=P\left(Z_2\leq\frac{12-\dfrac{m}{3}}{\dfrac{\sigma}{5}}\right)$$

$$P(Z_1\leq5)=P\left(Z_2\leq\frac{5}{\sigma}\left(12-\frac{30}{3}\right)\right)$$에서

$$\frac{10}{\sigma}=5,\ \sigma=2$$

따라서 $m+\sigma=30+2=32$

13회 미니모의고사

본문 52~55쪽

1 ②	**2** ②	**3** ③	**4** ①
5 106	**6** ⑤	**7** 80	**8** ①
9 ③	**10** ①		

1

3학년 학생 2명 사이에 앉는 2학년 학생 1명을 정하는 경우의 수는
$_4C_1=4$
3학년 학생, 2학년 학생, 3학년 학생을 묶어 한 명으로 생각하면
4명이 원형으로 앉는 경우의 수는 $(4-1)!=3!=6$
또 3학년 학생 2명의 자리를 정하는 경우의 수는 $2!=2$
따라서 구하는 경우의 수는 $4\times6\times2=48$

2

도로망을 따라 A지점에서 출발하여 B지점까지 최단거리로 이동하려
면 오른쪽으로 6칸, 위쪽으로 3칸 이동해야 한다. 이 경우의 수는 오른
쪽으로 한 칸 이동하는 것을 a, 위쪽으로 한 칸 이동하는 것을 b라 할
때, 9개의 문자 a, a, a, a, a, a, b, b, b를 일렬로 나열하는 경우의
수와 같으므로

$$\frac{9!}{6! \times 3!} = 84$$

(i) P지점을 지나는 경우

위쪽으로 3칸 이동 후 오른쪽으로 6칸 이동하는 경우로 경우의 수
는 1이다.

(ii) Q지점을 지나는 경우

A지점에서 출발하여 Q지점까지 최단거리로 이동하는 경우의 수는
4개의 문자 a, a, b, b를 일렬로 나열하는 경우의 수와 같으므로

$$\frac{4!}{2! \times 2!} = 6$$

Q지점에서 출발하여 B지점까지 최단거리로 이동하는 경우의 수는
5개의 문자 a, a, a, a, b를 일렬로 나열하는 경우의 수와 같으므
로

$$\frac{5!}{4!} = 5$$

이때의 경우의 수는 곱의 법칙에 의하여

$6 \times 5 = 30$

A지점에서 출발하여 P지점과 Q지점을 모두 지나면서 B지점까지 최
단거리로 이동하는 경우는 없으므로 (i), (ii)에서 구하는 경우의 수는

$84 - (1 + 30) = 53$

3

다항식 $(1 + 2x)^n$의 전개식의 일반항은

$_n\mathrm{C}_r (2x)^r = {}_n\mathrm{C}_r \, 2^r x^r \ (r = 0, 1, 2, \cdots, n)$

x^2항은 $r = 2$일 때이므로 x^2의 계수 a는

$a = {}_n\mathrm{C}_2 \times 2^2 = 4 \times {}_n\mathrm{C}_2$

또 x^3항은 $r = 3$일 때이므로 x^3의 계수 b는

$b = {}_n\mathrm{C}_3 \times 2^3 = 8 \times {}_n\mathrm{C}_3$

$2a + b = 132n$에서

$2 \times 4 \times {}_n\mathrm{C}_2 + 8 \times {}_n\mathrm{C}_3 = 132n$, ${}_n\mathrm{C}_2 + {}_n\mathrm{C}_3 = \dfrac{33}{2}n$

$_{n+1}\mathrm{C}_3 = \dfrac{33}{2}n$, $\dfrac{(n+1)n(n-1)}{3 \times 2 \times 1} = \dfrac{33}{2}n$

$n(n+10)(n-10) = 0$

$n \geq 3$이므로 $n = 10$

4

주머니에서 4개의 공을 동시에 꺼내는 경우의 수는

$$_9\mathrm{C}_4 = \frac{9 \times 8 \times 7 \times 6}{4 \times 3 \times 2 \times 1} = 126$$

꺼낸 4개의 공에 적힌 수 중에서 가장 작은 수가 3의 배수이려면 가장
작은 수가 3 또는 6이어야 한다.

(i) 가장 작은 수가 3인 경우

3이 적혀 있는 공을 반드시 꺼내야 하므로 구하는 경우의 수는 4부
터 10까지의 자연수가 하나씩 적혀 있는 7개의 공 중에서 3개의 공
을 동시에 꺼내는 경우의 수와 같다.

$$_7\mathrm{C}_3 = \frac{7 \times 6 \times 5}{3 \times 2 \times 1} = 35$$

(ii) 가장 작은 수가 6인 경우

6이 적혀 있는 공을 반드시 꺼내야 하므로 구하는 경우의 수는 7부
터 10까지의 자연수가 하나씩 적혀 있는 4개의 공 중에서 3개의 공
을 동시에 꺼내는 경우의 수와 같다.

$_4\mathrm{C}_3 = {}_4\mathrm{C}_1 = 4$

(i), (ii)에서 조건을 만족시키는 경우의 수는 합의 법칙에 의하여

$35 + 4 = 39$

따라서 구하는 확률은

$$\frac{39}{126} = \frac{13}{42}$$

5

크기가 같은 9개의 원을 3개는 빨간 색으로, 4개는 파란 색으로, 2개
는 노란 색으로 칠하는 모든 경우의 수는

$$\frac{9!}{3! \times 4! \times 2!} = 1260$$

색칠한 그림이 좌우 대칭이 되려면 왼쪽에서 다섯 번째 원은 빨간 색
으로 칠하고 그 왼쪽의 4개의 원을 1개는 빨간 색으로, 2개는 파란 색
으로, 1개는 노란 색으로 칠한 후 나머지 오른쪽의 4개의 원은 이와 대
칭으로 칠하면 되므로 이 경우의 수는

$$\frac{4!}{2!} = 12$$

따라서 구하는 확률은

$$\frac{12}{1260} = \frac{1}{105}$$

이므로

$p + q = 105 + 1 = 106$

6

$$\mathrm{P}(A \mid B) = \frac{\mathrm{P}(A \cap B)}{\mathrm{P}(B)} = \frac{1}{4}에서$$

$$\mathrm{P}(A \cap B) = \frac{1}{4}\mathrm{P}(B) \qquad \cdots\cdots \ \unicode{x319D}$$

$$\mathrm{P}(B \mid A) = \frac{\mathrm{P}(A \cap B)}{\mathrm{P}(A)} = \frac{1}{3}에서$$

$$\mathrm{P}(A \cap B) = \frac{1}{3}\mathrm{P}(A) \qquad \cdots\cdots \ \unicode{x321D}$$

㉠, ㉡에서 $\dfrac{1}{4}\mathrm{P}(B) = \dfrac{1}{3}\mathrm{P}(A)$이므로

$$\mathrm{P}(B) = \frac{4}{3}\mathrm{P}(A)$$

이때 $\mathrm{P}(A \cup B) = \mathrm{P}(A) + \mathrm{P}(B) - \mathrm{P}(A \cap B)$이므로

$$\frac{3}{4} = \mathrm{P}(A) + \frac{4}{3}\mathrm{P}(A) - \frac{1}{3}\mathrm{P}(A)$$

따라서 $\mathrm{P}(A) = \dfrac{3}{8}$

7

한 개의 주사위를 한 번 던질 때, 나오는 눈의 수가 2 이하일 확률은 $\dfrac{1}{3}$

이고 나오는 눈의 수가 3 이상일 확률은 $\dfrac{2}{3}$이다.

$1\le n\le 7$인 자연수 n에 대하여 n번째 시행까지 나오는 눈의 수가 2 이하인 시행 횟수를 t $(1\le t\le n\le 7)$라 하면

$a_n=3t$, $b_n=2(n-t)$이므로

$3t-2(n-t)=1$

즉, $5t=2n+1$을 만족시키는 자연수 t는

$n=2$일 때, $t=1$

$n=7$일 때, $t=3$

(i) $a_7-b_7=1$인 경우

7번째 시행까지 나오는 눈의 수가 2 이하인 시행 횟수가 3이므로
이 경우의 확률은

$$_7\mathrm{C}_3\left(\dfrac{1}{3}\right)^3\left(\dfrac{2}{3}\right)^4=\dfrac{560}{3^7}$$

(ii) $a_2-b_2=1$이면서 $a_7-b_7=1$인 경우

첫 번째 시행에서 2 이하의 눈이 나오고 두 번째 시행에서 3 이상의 눈이 나오거나 첫 번째 시행에서 3 이상의 눈이 나오고 두 번째 시행에서 2 이하의 눈이 나오면

$a_2-b_2=1$이므로 처음으로 $a_k-b_k=1$이 되는 k의 값이 7이라는 조건을 만족시키지 않는다.

3번째 시행부터 7번째 시행까지 5번의 시행 중 나오는 눈의 수가 2 이하인 시행 횟수를 s라 하면

$3s-2(5-s)=0$에서 $s=2$

그러므로 $a_2-b_2=1$이면서 $a_7-b_7=1$일 확률은 첫 번째와 두 번째 시행에서 각각 2 이하의 눈과 3 이상의 눈이 한 번씩 나오고, 3번째 시행부터 7번째 시행까지 2 이하의 눈이 2번, 3 이상의 눈이 3번 나오는 확률이므로

$$_2\mathrm{C}_1\times\dfrac{1}{3}\times\dfrac{2}{3}\times{}_5\mathrm{C}_2\left(\dfrac{1}{3}\right)^2\left(\dfrac{2}{3}\right)^3=\dfrac{320}{3^7}$$

(i), (ii)에서 구하는 확률은

$$\dfrac{560}{3^7}-\dfrac{320}{3^7}=\dfrac{240}{3^7}=\dfrac{80}{3^6}$$

따라서 $p=80$

8

주머니에는 6의 약수가 적힌 공 4개, 6의 약수가 아닌 수가 적힌 공 2개가 들어 있으므로 확률변수 X가 가질 수 있는 값은 1, 2, 3이다.

(i) $X=1$인 경우

6의 약수가 적힌 공 1개, 6의 약수가 아닌 수가 적힌 공 2개를 꺼내는 경우이므로

$$\mathrm{P}(X=1)=\dfrac{_4\mathrm{C}_1\times{}_2\mathrm{C}_2}{_6\mathrm{C}_3}=\dfrac{4\times1}{20}=\dfrac{1}{5}$$

(ii) $X=2$인 경우

6의 약수가 적힌 공 2개, 6의 약수가 아닌 수가 적힌 공 1개를 꺼내는 경우이므로

$$\mathrm{P}(X=2)=\dfrac{_4\mathrm{C}_2\times{}_2\mathrm{C}_1}{_6\mathrm{C}_3}=\dfrac{6\times2}{20}=\dfrac{3}{5}$$

(iii) $X=3$인 경우

6의 약수가 적힌 공 3개를 꺼내는 경우이므로

$$\mathrm{P}(X=3)=\dfrac{_4\mathrm{C}_3}{_6\mathrm{C}_3}=\dfrac{4}{20}=\dfrac{1}{5}$$

(i), (ii), (iii)에서 확률변수 X의 확률분포를 표로 나타내면 다음과 같다.

X	1	2	3	합계
$\mathrm{P}(X=x)$	$\dfrac{1}{5}$	$\dfrac{3}{5}$	$\dfrac{1}{5}$	1

$$\mathrm{E}(X)=1\times\dfrac{1}{5}+2\times\dfrac{3}{5}+3\times\dfrac{1}{5}=2$$

$$\mathrm{E}(X^2)=1^2\times\dfrac{1}{5}+2^2\times\dfrac{3}{5}+3^2\times\dfrac{1}{5}=\dfrac{22}{5}$$

$$\mathrm{V}(X)=\mathrm{E}(X^2)-\{\mathrm{E}(X)\}^2=\dfrac{22}{5}-2^2=\dfrac{2}{5}$$

$\mathrm{V}(aX-3)=4$에서

$$\mathrm{V}(aX-3)=a^2\mathrm{V}(X)=a^2\times\dfrac{2}{5}=4,\ a^2=10$$

$a>0$이므로 $a=\sqrt{10}$

9

A영화다운로드 사이트에서 다운로드 할 수 있는 영화 파일 1개의 크기를 확률변수 X, B영화다운로드 사이트에서 다운로드 할 수 있는 영화 파일 1개의 크기를 확률변수 Y라 하면 두 확률변수 X, Y는 각각 정규분포 $\mathrm{N}(1.2,\ 0.2^2)$, $\mathrm{N}(1,\ 0.6^2)$을 따른다.

표준정규분포 $\mathrm{N}(0,\ 1)$을 따르는 확률변수를 Z라 하면

A영화다운로드 사이트에서 추가 요금이 부과될 확률은

$$\mathrm{P}(X\ge1.4)=\mathrm{P}\left(Z\ge\dfrac{1.4-1.2}{0.2}\right)$$
$$=\mathrm{P}(Z\ge1)$$
$$=0.5-\mathrm{P}(0\le Z\le1)$$
$$=0.5-0.34$$
$$=0.16$$

B영화다운로드 사이트에서 추가 요금이 부과될 확률을 k라 하면

$$k=\mathrm{P}(Y\ge a)=\mathrm{P}\left(Z\ge\dfrac{a-1}{0.6}\right)$$

또한 재민이가 임의로 A, B 두 영화다운로드 사이트 중 한 군데에서 다운로드 한 1개의 영화 파일이 기본요금에 추가 요금이 부과된 영화 파일일 때, 이 영화 파일이 B영화다운로드 사이트에서 다운로드 한 파일일 확률이 $\dfrac{31}{47}$이므로

$$\dfrac{\dfrac{1}{2}\mathrm{P}(Y\ge a)}{\dfrac{1}{2}\mathrm{P}(X\ge1.4)+\dfrac{1}{2}\mathrm{P}(Y\ge a)}=\dfrac{k}{0.16+k}=\dfrac{31}{47}$$

$47k=4.96+31k$, $16k=4.96$, $k=0.31$

따라서 $\mathrm{P}\left(Z\ge\dfrac{a-1}{0.6}\right)=0.31$이므로

$$0.5-\mathrm{P}\left(0\le Z\le\dfrac{a-1}{0.6}\right)=0.31$$

$$\mathrm{P}\left(0\le Z\le\dfrac{a-1}{0.6}\right)=0.19$$

즉, $\dfrac{a-1}{0.6}=0.5$이므로 $a=1.3$

10

확률의 총합은 1이므로 $\dfrac{1}{6}+\dfrac{1}{8}+a+b=1$에서

$b=\dfrac{17}{24}-a \qquad \cdots\cdots \ \ominus$

주어진 확률분포에서

$\mathrm{E}(X)=(-3)\times\dfrac{1}{6}+(-1)\times\dfrac{1}{8}+1\times a+3\times b$

$\qquad\quad =a+3\left(\dfrac{17}{24}-a\right)-\dfrac{5}{8}=\dfrac{3}{2}-2a$

크기가 9인 표본의 표본평균 $\overline{X}$에 대하여

$\mathrm{E}(12\overline{X}+3)=12\mathrm{E}(\overline{X})+3=12$에서 $\mathrm{E}(\overline{X})=\dfrac{3}{4}$

$\mathrm{E}(X)=\mathrm{E}(\overline{X})$이므로 $\mathrm{E}(X)=\dfrac{3}{4}$

$\dfrac{3}{2}-2a=\dfrac{3}{4}$에서 $a=\dfrac{3}{8}$이고 $\ominus$에서 $b=\dfrac{1}{3}$

이때

$\mathrm{V}(X)=(-3)^2\times\dfrac{1}{6}+(-1)^2\times\dfrac{1}{8}+1^2\times\dfrac{3}{8}+3^2\times\dfrac{1}{3}-\left(\dfrac{3}{4}\right)^2=\dfrac{71}{16}$

이고 $\mathrm{V}(\overline{X})=\dfrac{\mathrm{V}(X)}{9}=\dfrac{71}{144}$이므로

$\mathrm{V}(12\overline{X}+3)=12^2\mathrm{V}(\overline{X})=144\times\dfrac{71}{144}=71$

14회 미니모의고사

본문 56~59쪽

1 ⑤	**2** ④	**3** 14	**4** ②
5 ③	**6** ④	**7** ④	**8** ⑤
9 ③	**10** 36		

1

a, b, c, d는 모두 1부터 6까지의 자연수이다.

1부터 6까지의 자연수 중 세 자연수의 곱이 12인 경우는

$12=1\times2\times6=1\times3\times4=2\times2\times3$

이므로 2가 반드시 포함되고 1부터 6까지의 자연수 중 네 자연수의 곱이 24인 경우는

$24=1\times2\times2\times6=1\times2\times3\times4=2\times2\times2\times3$

이다.

4개의 숫자 1, 2, 2, 6을 일렬로 나열하는 경우의 수는 $\dfrac{4!}{2!}=12$

4개의 숫자 1, 2, 3, 4를 일렬로 나열하는 경우의 수는 $4!=24$

4개의 숫자 2, 2, 2, 3을 일렬로 나열하는 경우의 수는 $\dfrac{4!}{3!}=4$

따라서 구하는 모든 순서쌍 $(a,\ b,\ c,\ d)$의 개수는

$12+24+4=40$

2

$(x^2+1)^5$의 전개식의 일반항은

$_5\mathrm{C}_r(x^2)^{5-r}1^r={}_5\mathrm{C}_r\times x^{10-2r}\ (r=0,\ 1,\ 2,\ \cdots,\ 5)$

이고, $(x^3+2)^n$의 전개식의 일반항은

$_n\mathrm{C}_s(x^3)^{n-s}2^s={}_n\mathrm{C}_s\times2^s\times x^{3n-3s}\ (s=0,\ 1,\ 2,\ \cdots,\ n)$

이므로

$(x^2+1)^5=1+{}_5\mathrm{C}_4\times x^2+{}_5\mathrm{C}_3\times x^4+{}_5\mathrm{C}_2\times x^6+\cdots+x^{10}$

$(x^3+2)^n=2^n+{}_n\mathrm{C}_{n-1}\times2^{n-1}\times x^3+{}_n\mathrm{C}_{n-2}\times2^{n-2}\times x^6+\cdots+x^{3n}$

따라서 $(x^2+1)^5(x^3+2)^n$의 전개식에서 x^4항은

$(_5\mathrm{C}_3\times x^4)\times2^n=10\times2^n\times x^4$이고, x^4의 계수는 160이므로

$10\times2^n=160$에서 $n=4$

따라서 주어진 다항식 $(x^2+1)^5(x^3+2)^4$의 전개식에서 x^6항은

$1\times({}_4\mathrm{C}_2\times2^2\times x^6)+({}_5\mathrm{C}_2\times x^6)\times2^4=6\times4\times x^6+10\times16\times x^6$

$\qquad\qquad\qquad\qquad\qquad\qquad =24x^6+160x^6=184x^6$

이므로 x^6의 계수는 184이다.

3

다항식 $3\{(a+x)^n-(a-x)^n\}$에 대하여

$(a+x)^n$의 전개식에서 일반항은

$_n\mathrm{C}_r a^{n-r}x^r$ (단, $r=0,\ 1,\ 2,\ \cdots,\ n$)

이때 x^{n-1}의 계수는 $r=n-1$일 때이므로 $_n\mathrm{C}_{n-1}\times a$

또 $(a-x)^n$의 전개식에서 일반항은

$_n\mathrm{C}_r a^{n-r}(-x)^r$ (단, $r=0,\ 1,\ 2,\ \cdots,\ n$)

이때 x^{n-1}의 계수는 $r=n-1$일 때이므로 $_n\mathrm{C}_{n-1}\times a\times(-1)^{n-1}$

그러므로 다항식 $3\{(a+x)^n-(a-x)^n\}$의 전개식에서 x^{n-1}의 계수는

$3\{{}_n\mathrm{C}_{n-1}\times a-{}_n\mathrm{C}_{n-1}\times a\times(-1)^{n-1}\}$

$=\begin{cases} 0 & (n\text{이 }2\text{ 이상의 홀수}) \\ 6na & (n\text{이 }2\text{ 이상의 짝수}) \end{cases} \qquad \cdots\cdots\ \ominus$

다항식 $(a+x)^n$의 전개식에서 일반항은

$_n\mathrm{C}_r a^{n-r}x^r$ (단, $r=0,\ 1,\ 2,\ \cdots,\ n$)

이므로 다항식 $x(a+x)^n$의 전개식에서 x^{n-1}의 계수는 $r=n-2$일 때이다.

$_n\mathrm{C}_{n-2}a^2=\dfrac{n(n-1)}{2}\times a^2 \qquad \cdots\cdots\ \bigcirc\!\!\!\!L$

$\ominus$, $\bigcirc\!\!\!\!L$에서 두 다항식 $3\{(a+x)^n-(a-x)^n\}$과 $x(a+x)^n$의 전개식에서 x^{n-1}의 계수가 서로 같게 되려면 다음과 같다.

(i) n이 2 이상의 홀수인 경우

$\quad 0=\dfrac{n(n-1)}{2}\times a^2$

에서 $n(n-1)a^2=0$이므로 2 이상의 자연수 n과 자연수 a는 존재하지 않는다.

(ii) n이 2 이상의 짝수인 경우

$\quad 6na=\dfrac{n(n-1)}{2}\times a^2$

에서 $(n-1)a=12$이므로 이 등식을 만족시키는 2 이상의 짝수 n과 자연수 a의 순서쌍 $(n,\ a)$는 $(2,\ 12)$, $(4,\ 4)$

(i), (ii)에서 $n+a$의 최댓값은 14이다.

4

다섯 개의 숫자 1, 2, 2, 3, 3을 일렬로 나열하여 만든 다섯 자리 자연수의 개수는

$$\frac{5!}{2! \times 2!} = 30$$

백의 자리의 수가 1인 자연수의 개수는

2, 2, 3, 3을 일렬로 나열하는 경우의 수와 같으므로 $\dfrac{4!}{2! \times 2!} = 6$

따라서 구하는 확률은 $\dfrac{6}{30} = \dfrac{1}{5}$

5

주머니에서 꺼낸 3개의 공 중에서 홀수인 숫자가 적혀 있는 공이 2개인 사건을 A, 꺼낸 공 중 검은 공이 2개인 사건을 B라 하면 구하는 확률은 $P(B|A)$이다.

7개의 공 중에서 서로 다른 3개를 선택하는 경우의 수는 $_7C_3 = 35$

사건 A는 홀수인 숫자 1, 3, 5, 7이 적혀 있는 4개의 공 중에서 2개를 선택하고 짝수인 숫자 2, 4, 6이 적혀 있는 3개의 공 중에서 1개를 선택하는 것과 같으므로 이때의 경우의 수는

$$_4C_2 \times {}_3C_1 = 6 \times 3 = 18$$

즉, 사건 A가 일어날 확률은 $P(A) = \dfrac{18}{35}$

사건 $A \cap B$는 주머니에서 꺼낸 3개의 공 중에서 홀수인 숫자가 적혀 있는 공이 2개이고 검은 공이 2개인 사건이므로 다음 경우로 나누어 생각할 수 있다.

(i) 꺼낸 공 중에서 홀수인 숫자가 적혀 있는 검은 공이 1개인 경우

　꺼낸 공 중 검은 공이 2개이므로 숫자 6이 적혀 있는 검은 공은 반드시 꺼내야 한다.

　이때의 경우의 수는 숫자 5, 7이 적혀 있는 검은 공 중에서 1개를 선택하고 숫자 1, 3이 적혀 있는 흰 공 중에서 1개를 선택하는 경우의 수와 같으므로 $_2C_1 \times {}_2C_1 = 2 \times 2 = 4$

　그러므로 이때의 확률은 $\dfrac{4}{35}$

(ii) 꺼낸 공 중에서 홀수인 숫자가 적혀 있는 검은 공이 2개인 경우

　꺼낸 공 중 검은 공이 2개이므로 숫자 5, 7이 적혀 있는 검은 공은 반드시 꺼내야 한다.

　이때의 경우의 수는 숫자 2, 4가 적혀 있는 흰 공 중에서 1개를 선택하는 경우의 수와 같으므로 $_2C_1 = 2$

　그러므로 이때의 확률은 $\dfrac{2}{35}$

(i), (ii)에서 두 사건이 서로 배반사건이므로 확률의 덧셈정리에 의하여

$$P(A \cap B) = \frac{4}{35} + \frac{2}{35} = \frac{6}{35}$$

따라서 구하는 확률은

$$P(B|A) = \frac{P(A \cap B)}{P(A)} = \frac{\dfrac{6}{35}}{\dfrac{18}{35}}$$
$$= \frac{1}{3}$$

6

이 조사에 참여한 학생 중에서 임의로 선택한 한 명이 3학년 학생이 아니면서 일주일에 3일 이상 이용하는 학생일 확률이 $\dfrac{5}{14}$이므로

$$\frac{12+a}{70} = \frac{5}{14}, \ 12+a = 25, \ \text{즉 } a = 13$$

이때 $b = 50 - (12 + a) = 25$

이 조사에 참여한 학생 중에서 임의로 선택한 한 명이 일주일에 3일 이상 이용하는 학생일 때, 이 학생이 3학년 학생일 확률 p_1은

$$p_1 = \frac{25}{50} = \frac{1}{2}$$

이 조사에 참여한 학생 중에서 임의로 선택한 한 명이 3학년 학생일 때, 이 학생이 일주일에 3일 이상 이용하는 학생일 확률 p_2는

$$p_2 = \frac{25}{25+d}$$

$p_1 = \dfrac{3}{5} p_2$이므로 $\dfrac{1}{2} = \dfrac{3}{5} \times \dfrac{25}{25+d}$, $25 + d = 30$, 즉 $d = 5$

이때 $c = 20 - (7 + d) = 8$

따라서 $b + c = 25 + 8 = 33$

7

두 개의 주사위 A, B를 동시에 던져서 나오는 두 눈의 수가 각각 a, b $(1 \leq a \leq 6, \ 1 \leq b \leq 6)$이므로 a, b의 모든 순서쌍 (a, b)의 개수는

$$6 \times 6 = 36$$

이때 확률변수 X가 갖는 값은 자연수이므로

$$P(3 \leq X \leq 4) = P(X=3) + P(X=4)$$

(i) $X = 3$일 때

　ab의 양의 약수의 개수가 3이려면

　$ab = p^2$ (p는 소수)의 꼴이어야 한다.

　$1 \leq ab \leq 36$이므로

　$ab = 2^2$ 또는 $ab = 3^2$ 또는 $ab = 5^2$이어야 하고

　$ab = 2^2$을 만족시키는 a, b의 순서쌍 (a, b)의 개수는

　$(1, 4), (2, 2), (4, 1)$로 3

　$ab = 3^2$을 만족시키는 a, b의 순서쌍 (a, b)의 개수는

　$(3, 3)$으로 1

　$ab = 5^2$을 만족시키는 a, b의 순서쌍 (a, b)의 개수는

　$(5, 5)$로 1

　그러므로 $P(X=3) = \dfrac{3+1+1}{36} = \dfrac{5}{36}$

(ii) $X = 4$일 때

　ab의 양의 약수의 개수가 4이려면

　$ab = q^3$ (q는 소수) 또는 $ab = rs$ (r, s는 서로 다른 소수)의 꼴이어야 한다.

　$1 \leq ab \leq 36$이므로

　$ab = 2^3$ 또는 $ab = 3^3$ 또는 $ab = 2 \times 3$ 또는 $ab = 2 \times 5$ 또는 $ab = 3 \times 5$이어야 하고

　$ab = 2^3$을 만족시키는 a, b의 순서쌍 (a, b)의 개수는

　$(2, 4), (4, 2)$로 2

　$ab = 3^3$을 만족시키는 a, b의 값은 존재하지 않는다.

　$ab = 2 \times 3$을 만족시키는 a, b의 순서쌍 (a, b)의 개수는

　$(1, 6), (2, 3), (3, 2), (6, 1)$로 4

$ab=2\times5$를 만족시키는 a, b의 순서쌍 (a,b)의 개수는
$(2,5)$, $(5,2)$로 2
$ab=3\times5$를 만족시키는 a, b의 순서쌍 (a,b)의 개수는
$(3,5)$, $(5,3)$으로 2

그러므로 $P(X=4)=\dfrac{2+4+2+2}{36}=\dfrac{5}{18}$

(i), (ii)에 의하여 구하는 값은
$$P(3\leq X\leq4)=P(X=3)+P(X=4)$$
$$=\dfrac{5}{36}+\dfrac{5}{18}$$
$$=\dfrac{5}{12}$$

8

한 번의 시행에서 공에 적혀 있는 두 수의 곱을 확률변수 Y라 할 때, Y의 확률분포를 표로 나타내면 다음과 같다.

Y	1	2	합계
$P(Y=y)$	$\dfrac{1}{3}$	$\dfrac{2}{3}$	1

한편, 90번의 시행에서 1을 얻은 횟수를 Y'이라 하면
확률변수 Y'은 이항분포 $B\!\left(90,\dfrac{1}{3}\right)$을 따르므로

$$E(Y')=90\times\dfrac{1}{3}=30 \qquad \cdots\cdots\;\bigcirc$$

따라서 $X=Y'+2(90-Y')=180-Y'$이므로 $\bigcirc$에 의해
$$E(X)=E(180-Y')=180-E(Y')=180-30=150$$

9

주어진 표에서 $a+b+22+8=100$, $a+b=70$ $\quad\cdots\cdots\;\bigcirc$
계획안 B의 선호도가 $b\,\%$이므로 Y는 이항분포
$B\!\left(600,\dfrac{b}{100}\right)$를 따른다.

$$V(Y)=600\times\dfrac{b}{100}\times\left(1-\dfrac{b}{100}\right)=6b\left(1-\dfrac{b}{100}\right)$$

$$V\!\left(\dfrac{1}{3}Y\right)=\left(\dfrac{1}{3}\right)^{2}V(Y)=\dfrac{1}{9}\times6b\left(1-\dfrac{b}{100}\right)$$
$$=\dfrac{2}{3}b\left(1-\dfrac{b}{100}\right)=14$$

$b\times\dfrac{100-b}{100}=21$, $b^2-100b+2100=0$

$(b-30)(b-70)=0$, $b=30$ 또는 $b=70$

$a>b$이고 $\bigcirc$에서 $a+b=70$이므로 $a=40$, $b=30$

즉, 계획안 A의 선호도가 $a=40\,(\%)$이므로 X는 이항분포
$B\!\left(600,\dfrac{2}{5}\right)$를 따른다.

$$E(X)=600\times\dfrac{2}{5}=240$$

$$V(X)=600\times\dfrac{2}{5}\times\left(1-\dfrac{2}{5}\right)=144$$

이때 $n=600$은 충분히 큰 수이므로 확률변수 X는 근사적으로 정규분포 $N(240,\,12^2)$을 따르고, $Z=\dfrac{X-240}{12}$으로 놓으면 확률변수 Z는 표준정규분포 $N(0,\,1)$을 따른다.

따라서
$$P(X\geq252)=P\!\left(Z\geq\dfrac{252-240}{12}\right)=P(Z\geq1)$$
$$=0.5-P(0\leq Z\leq1)=0.5-0.3413$$
$$=0.1587$$

10

모표준편차가 10인 정규분포를 따르는 모집단에서 임의추출한 크기가 196인 표본의 표본평균을 $\overline{x_1}$라 하면 모평균 m에 대한 신뢰도 95 %의 신뢰구간은

$$\overline{x_1}-1.96\times\dfrac{10}{\sqrt{196}}\leq m\leq\overline{x_1}+1.96\times\dfrac{10}{\sqrt{196}}$$

$$\overline{x_1}-1.96\times\dfrac{5}{7}\leq m\leq\overline{x_1}+1.96\times\dfrac{5}{7}$$

이므로

$$b-a=2\times1.96\times\dfrac{5}{7}=2.8 \qquad \cdots\cdots\;\bigcirc$$

같은 모집단에서 임의추출한 크기가 n인 표본의 표본평균을 $\overline{x_2}$라 하면 모평균 m에 대한 신뢰도 99 %인 신뢰구간은

$$\overline{x_2}-2.58\times\dfrac{10}{\sqrt{n}}\leq m\leq\overline{x_2}+2.58\times\dfrac{10}{\sqrt{n}}$$

이므로

$$d-c=2\times2.58\times\dfrac{10}{\sqrt{n}}=\dfrac{51.6}{\sqrt{n}} \qquad \cdots\cdots\;\bigcirc\!\bigcirc$$

$\bigcirc$, $\bigcirc\!\bigcirc$에서

$$\dfrac{d-c}{b-a}=\dfrac{\frac{51.6}{\sqrt{n}}}{2.8}=\dfrac{516}{28\sqrt{n}}=\dfrac{129}{7\sqrt{n}}$$

$\dfrac{d-c}{b-a}\leq\dfrac{43}{14}$에서 $\dfrac{129}{7\sqrt{n}}\leq\dfrac{43}{14}$, $\sqrt{n}\geq\dfrac{129}{7}\times\dfrac{14}{43}$

$\sqrt{n}\geq6$, $n\geq36$

따라서 구하는 자연수 n의 최솟값은 36이다.